城镇无障碍设计

Urban of Accessibility Design

刘连新　蒋宁山　编著

中国建材工业出版社

图书在版编目（CIP）数据

城镇无障碍设计/刘连新编著. —北京：中国建
材工业出版社，2014.8
ISBN 978-7-5160-0835-5

Ⅰ．城… Ⅱ.①刘… Ⅲ.①残疾人—城市道路—设
计②残废者住宅—建筑设计 Ⅳ.①U412.37②TU241.93

中国版本图书馆 CIP 数据核字（2014）第 108738 号

内 容 简 介

本书介绍了我国近年来无障碍建设取得的经验与成效、无障碍设计中的无障碍物质环境、无障碍设计的一般注意事项、规划与建筑设计的总体考虑，城市道路和建筑物无障碍设施设计、高龄住宅无障碍设计、历史文物保护建筑无障碍建筑与改造、城市广场和绿地无障碍设计以及新农村无障碍建设等方面的具体内容，阐述了无障碍体系统与相关的法律法规等基本理论和基础知识。全书共分9章，在附录部分中主要介绍和推荐了目前最新的无障碍设计技术标准、无障碍法规实例。

本书为高等学校土木工程专业、工程管理专业、城乡规划专业、建筑学等专业的教学用书；也可供有关政府部门、规划、设计和施工技术人员阅读参考。

城镇无障碍设计

刘连新　蒋宁山　编著

出版发行：**中国建材工业出版社**

地　　址：北京市西城区车公庄大街6号

邮　　编：100044

经　　销：全国各地新华书店

印　　刷：北京鑫正大印刷有限公司

开　　本：787mm×1092mm

印　　张：14

字　　数：347

版　　次：2014 年 8 月第 1 版

印　　次：2014 年 8 月第 1 次

定　　价：**39.80 元**

本社网址：**www. jccbs. com. cn**　　微信公众号：**zgjcgycbs**
本书如出现印装质量问题，由我社发行部负责调换。联系电话：**(010) 88386906**

序

　　无障碍设施建设是保障残疾人参与社会活动的基本条件，是方便老年人、妇女、儿童和其他社会成员的重要措施，是社会文明进步的重要标志，也是现代建筑"以人为本"思想的重要体现。城镇无障碍环境的建设，充分体现着国家和政府对残疾人及老年人的关心和爱护，这不仅是现代化城市建设不可缺少的组成部分，也充分体现了人权与平等。我国党和政府十分重视无障碍设施建设工作，要求加快无障碍建设和改造的步伐，制订、完善并严格执行有关无障碍建设的法律法规、设计规范和行业标准；在新建改建的城市道路、建筑物、城市广场及绿地、旅游景区等必须建设规范的无障碍设施，对已经建成的要加快无障碍改造；在小城镇、农村地区逐步推行无障碍建设；尤其强调要加快推进与残疾人日常生活密切相关的住宅、社区、学校、福利机构、公共服务场所和设施的无障碍建设和改造，有条件的地方要对贫困残疾人家庭住宅无障碍改造提供资助。这些措施，无疑对无障碍设计工作起到了积极的推动作用。

　　本书主要特色是：内容涵盖了"专业规范"要求的所有核心内容和知识点；内容更加贴近工程实际，满足培养应用型人才和工程技术人员对理论知识和动手能力的要求；本书编撰者通过多年的研究和实践，将成果以著作的形式展现给广大学生和读者，以期使更多的人关心残疾人和老年人事业的发展，了解无障碍设计中的物质环境、一般注意事项、规划与建筑设计的总体考虑、城市道路和建筑物无障碍设施设计、高龄住宅无障碍设计、历史文物保护建筑无障碍建筑与改造、城市广场和绿地无障碍设计以及新农村无障碍建设等方面的基本知识、无障碍体系系统与相关的法律法规等基本理论和基础知识。

　　《城镇无障碍设计》一书的出版对推动我国城镇无障碍环境建设的工作将起到推波助澜的作用，同时帮助政策的决策者、制定者、实践者、研究人员和其他工程技术人员，在参与无障碍设施的建设和宣传上积累一定理论和实践知识，以期使此项公众事业得到进一步认同和发展！

中国科学院院士　青海大学校长：王光谦

2014 年 5 月 8 日

前　　言

在 1983 年到 1992 年的"国际残疾人十年"期间，人们普遍认为，社会上大量的残疾人不断增加，尤其是发展中国家。基于这种原因，联合国"亚太经社会"（ESCAP）于 1992 年 4 月在北京召开的第 48 次会议上，通过了 1992 年 4 月 23 日的"48/3 决议"，宣布 1993 年至 2002 年为"亚太残疾人十年"。在 1993 年 4 月曼谷会议上，通过了 1993 年 4 月 29 日的"49/6 决议"。联合国"亚太经社会"欢迎亚太地区残疾人签署全权参与平等声明，并且采纳通过了 1993 年至 2002 年的"亚太残疾人十年"议程。委员会的决议包括对为使残疾人全面、平等地参与正常活动而亟须克服其身体障碍的特别认可。统计资料表明，亚太地区老年人数量的增加导致了残疾人数量的增加。因此老年人对无障碍建筑环境的需要与残疾人的需要是一样的。据估计，在此地区，60 岁以上的老年人数量从 1980 年的 1.7 亿人增加到 20 世纪 90 年代的 2.35 亿人。这意味着，到 2025 年世界上 56% 的老年人生活在亚太地区（1980 年为 45%）。2011 年 12 月，由世界卫生组织、世界银行等机构完成的《世界残疾报告》在中国发布。这份报告指出，全球人口残疾率估数已由 20 世纪 70 年代以来的 10% 升高至如今的 15%。报告表明，按 2010 年全球人口数量估计，全球超过 10 亿人或 15% 的人口带有某种形式的残疾而生存。中国残疾人联合会 2007 年提供的数字表明，全球有 6.5 亿残疾人，约占总人口的 10%。2007 年中国发布的《第二次全国残疾人抽样调查主要数据公报》表明：截止到 2006 年 4 月 1 日，中国有残疾人 8296 万，占总人口比例的 6.34%，明显低于全球 10% 的平均水平。虽然我国残疾人比例低于全球平均水平，但仍然是一个庞大的群体。我国有残疾人家庭 7050 万户，占全国家庭总户数的 17.8%，平均每百户家庭有近 18 户家庭有残疾人。在我国残疾人口中，男性数量超过女性，男女性别比为 106.42 : 100。在我国各类残疾人中，数量最多的是肢体残疾和听力残疾，共有 4400 多万人，超过残疾人总数的一半。另外，视力残疾数量也较多，有 1233 万人，占残疾人总量的近 15%。中国残疾人联合会 2012 年 6 月 26 日公布：根据第六次全国人口普查我国总人口数，及第二次全国残疾人抽样调查我国残疾人占全国总人口的比例和各类残疾人占残疾人总人数的比例，推算 2010 年末我国残疾人总人数 8502 万人。各类残疾人的人数分别为：视力残疾 1263 万人；听力残疾 2054 万人；语言残疾 130 万人；肢体残疾 2472 万人；智力残疾 568 万人；精神残疾 629 万人；多重残疾 1386 万人。各残疾等级人数分别为：重度残疾 2518 万人；中度和轻度残疾人 5984 万人。

全球残疾人数量持续增长的原因，一是与人口老龄化密切相关；二是与残疾有关的慢性疾病状况增加有关，如糖尿病、心血管疾病和精神疾病；三是与连年不断的局部战争和自然灾害相关。这份报告同时指出，残疾导致的障碍会造成残疾人生活中的各种困难，包括更加不良的健康状况、更低的教育成就、更差的经济参与、更高的贫困率、更高的依赖性和参与的局限性等。

关心残疾人是社会文明进步的重要标志，残疾人事业是中国特色社会主义事业的重要组成部分。残疾人是一个数量众多、特性突出、特别需要帮助的社会群体。新中国成立特别是改革开放以来，我国残疾人事业不断发展，残疾人状况明显改善，残疾人生活水平和质量不断提高。同时，我国残疾人社会保障措施还不够完善，残疾人事业基础还比较薄弱，残疾人总体生活状况与社会平均水平存在较大差距。促进残疾人事业发展，改善残疾人状况，已成为全面建设小康社会和构建社会主义和谐社会一项重要而紧迫的任务。

建设无障碍设施是残疾人参与社会活动的基本条件，是方便老年人、妇女、儿童和其他社会成员的重要措施，是社会文明进步的重要标志，也是现代建筑"以人为本"思想的重要体现。城镇无障碍环境的建设，充分体现着国家和政府对残疾人及老年人的关心和爱护，这不仅是现代化城市建设不可缺少的组成部分，也充分体现了人权与平等。我国党和政府十分重视无障碍设施建设工作，要求加快无障碍建设和改造的步伐，制定、完善并严格执行有关无障碍建设的法律法规、设计规范和行业标准；在新建改建的城市道路、建筑物、城市广场及绿地、旅游景区等必须建设规范的无障碍设施，对已经建成的要加快无障碍设施改造；在小城镇、农村地区逐步推行无障碍建设；尤其强调要加快推进与残疾人日常生活密切相关的住宅、社区、学校、福利机构、公共服务场所和设施的无障碍建设和改造，有条件的地方要对贫困残疾人家庭住宅无障碍改造提供资助。这些措施，无疑对无障碍设计工作起到了积极的推动作用。

本书旨在对推动我国城镇无障碍环境建设的工作起一个推波助澜的作用，同时帮助政策的制定者、实践者、研究人员和其他有关人员，在参与无障碍设施的建设和宣传上积累一定理论和实践知识，以期此项公众事业得到进一步的发展。

本书在编写过程中得到了青海省民政厅、残疾人联合会、住房和城乡建设厅、青海大学等有关部门领导、专家的关心和支持，再次表示衷心的感谢。

本书涉及内容广泛，由于编写者水平有限，不足之处在所难免，恳请广大读者指正。

编者
2014 年 6 月于高原古城西宁

目　　录

中国建材工业出版社
China Building Materials Press

我们提供

图书出版、图书广告宣传、企业/个人定向出版、设计业务、企业内刊等外包、
代选代购图书、团体用书、会议、培训，其他深度合作等优质高效服务。

编辑部   图书广告   出版咨询   图书销售   设计业务
010-68365565   010-68361706   010-68343948   010-88386906   010-68343948

邮箱：jccbs-zbs@163.com   网址：www.jccbs.com.cn

发展出版传媒   服务经济建设

传播科技进步   满足社会需求

绪　　论

　　部分人群在肢体、感知和认知方面存在障碍，他们同样迫切需要参与社会生活，享受平等的权利。无障碍环境的建设，为行为障碍者以及所有需要使用无障碍设施的人们提供了必要的基本保障，同时也为全社会创造了一个方便的良好环境，是尊重人权的行为，是社会道德的体现，同时也是一个国家、一个城市的精神文明和物质文明的标志，是创建和谐社会的重要举措。无障碍设计与残疾人事业发展密切相关，无障碍设施的建设与改造是残疾人事业的一个重要组成部分，是扶老、济幼、助残的具体体现。

1. 残疾人事业发展历程

　　（1）什么是残疾人

　　《中华人民共和国残疾人保障法》第二条规定："残疾人是指在心理、生理、人体结构上、某种组织、功能丧失或者不正常，全部或部分丧失以正常方式从事某种活动能力的人。"

　　这个定义改变了过去仅仅从身体上着眼的片面看法，代之以社会功能障碍为特征，不仅局限于器官的丧失或者不正常，而且包括了精神和心理、智力方面的残疾，全面地概括了残疾人的基本特征。结合罗尔斯"社会生活的基本条件"和对残疾人的定义，我们可以做出如下判断，残疾人群体是"处于最不利地位的"社会群体。

　　（2）残疾人问题的两重性

　　残疾人是弱势群体中的弱势。他们具有生理和社会两重性问题：

　　生理问题——由于他们在心理和生理上的障碍，丧失了同健全人一样的生活、工作和学习条件。

　　社会问题——是低收入决定了残疾人群体在社会生活中的贫困性。在残疾人群体中，一部分具有劳动能力或部分劳动能力者，大多在福利企业就业或自谋职业，但是收入很低；另一部分则不具备劳动能力或失去劳动能力，大多靠国家救济或家人抚养，其经济收入低于社会人均水平，甚至徘徊于贫困县边缘。社会问题表现在生活必需品的占有量低下、生活质量的低层次性、政治上的低影响力和心理上的高度敏感性等方面。

　　（3）残疾人事业的发展历程

　　中国残疾人事业是随着新中国的成立，经济和社会的进步发展起来的。残疾人问题，是人类社会的固有问题。但是，在解放之前，由于帝国主义、封建主义、官僚资本主义的统治和奴役，由于经济文化落后，残疾人处于社会最底层，过着沿街乞讨、朝不保夕的生活。新中国成立后，党和政府关注残疾人的生活，建立残疾人组织，开展生产自救，残疾人工作逐步提到议事日程上来。发展历程可分为以下五个阶段：

　　第一阶段（1949—1960）：新中国成立初期至二十世纪六十年代中期，是残疾人事业的初创阶段。

　　毛泽东主席、周恩来总理曾指示要关心广大盲人聋哑人群众，并多次接见来访的外国盲人聋哑人友好代表团。1960 年 5 月召开第一届全国盲人聋哑人代表会议时，周总理、朱德委员长、邓小平、李先念等党和国家领导人接见了出席会议的全体代表，并留影留念。周总理、董必武、叶剑英、谢觉哉等领导人还多次视察聋哑学校与福利工厂。谢老视察天津聋哑人拔丝厂时题赠诗云："拔出铁丝细又匀，拔丝工友艺超群。眼尖手巧心尤静，轰轰隆隆竟不闻。聋人办厂英气豪，困难桩桩向后抛。扩建厂房新设计，红云朵朵看来朝"。这些对广大残疾职工是很大的鼓舞。

第二阶段（1966—1976）："文化大革命"十年，残疾人事业受到严重干扰破坏，处于停顿阶段。

由于党和国家在指导方针上发生了严重的错误及文革的干扰破坏，严重影响到残疾人工作，残疾人事业限于停顿。

第三阶段（1978—1989）：十一届三中全会以后，特别是中国残疾人联合会成立以后，中国残疾人事业随着国家经济腾飞而走上了稳定发展的道路，残疾人工作进入了历史上最好的时期，可称为再创阶段。

1978 年，随着中国共产党十一届三中全会召开，中国进入以经济建设为中心的新的历史时期。贯彻改革开放的总方针，工农业生产迅速发展，经济、社会活力显著增强。国家对推进残疾人事业发展采取了一系列重大举措。

从 20 世纪 90 年代初开始，我国在全国范围内开展了有组织、有计划，大规模的残疾人扶贫开发工作。回顾残疾人扶贫开发采取的措施，总结残疾人扶贫开发的基本经验，对于做好新世纪残疾人扶贫开发工作具有重大指导作用。

第四阶段（1990—2001）：依法保障阶段。

自 1990 年颁布《中华人民共和国残疾人保障法》开始，残疾人事业发展有了法律的保障。

第五阶段（2001 年以后）："十五"、"十一五"、"十二五"期间，实施中国残疾人事业三个五年发展纲要的快速发展阶段，也是全面提升阶段。

"十一五"时期，我国残疾人事业迈出历史性的新步伐。党中央、国务院印发《关于促进残疾人事业发展的意见》，对发展残疾人事业做出重大部署，提出加快推进残疾人社会保障体系和服务体系建设、努力使残疾人和全国人民一道向着更高水平小康社会迈进的目标，为未来一个时期残疾人事业的发展指明了方向。国家修订《中华人民共和国残疾人保障法》，批准加入联合国《残疾人权利公约》，制定实施《残疾人就业条例》和残疾人社会保障、特殊教育、医疗康复等领域的一系列政策法规，为发展残疾人事业、保障残疾人权益奠定了法律制度基础。完成第二次全国残疾人抽样调查，为规划和发展残疾人事业提供了科学依据。成功举办 2008 年北京残奥会、上海世界特奥会、广州亚残运会，上海世博会设立生命阳光馆，开展全国残疾人职业技能竞赛、全国残疾学生技能竞赛和残疾人特殊艺术展演，宣传我国残疾人事业发展成就，表彰全国残疾人自强模范和扶残助残先进，人道主义思想广泛弘扬，扶残助残的社会氛围日益浓厚，残疾人参与社会生活的环境进一步改善。

2. 国外无障碍环境建设的做法及经验

从整个国际社会来看，构筑无障碍环境已成为城市环境建设的主流之一，是城市道路、交通及建筑物在规划设计中尤应体现的城市文明程度的重要标志。据国际劳工组织的有关报告，目前全世界的残疾人总数已超过 5 亿，约占世界总人口的 10%，现在残疾人数每年平均增长 1500 万，即每天增加 4 万多残疾人。在多数国家里，每 10 个人中至少有 1 个人因生理、心理和感官的缺陷而致残。残疾人不仅为数众多，而且受生理残疾的影响和外界环境的障碍，在社会生活中处于种种不利地位，使正常作用的发挥受到许多限制，因此残疾人就成为人类社会中一个特殊而困难的群体，给国家和他们的家庭造成了沉重的负担。事实上，无障碍环境设计不仅仅对于各类残疾人，而且对于日趋严重的老龄化及相对应的城市规划问题无疑是一个新亮点。

早在 1959 年，欧洲各国议会就通过了"方便残疾人使用的公共建筑的设计与建设的决议"。在国际社会的影响和推动下，"无障碍"的概念开始形成。同时，经济的发展也使各工业国家有可能在无障碍环境的普及中投入大量的人力、物力和财力。当时美国总统肯尼迪就这一问题进行咨询，并在 1961 年制定了世界上第一个《无障碍标准》。在 1963 年挪威奥斯陆会议上，瑞典神经不健全者协会再次提出"尽最大的可能保障残疾者正常生活的条件"，强调残疾人在公共社会中与健全人一道生活的重要性，说明其权利要正常化。这种思想在当年的国际残疾人行动计划中已明确阐明，即"以健全人为中心的社会是不健全的社会"。相继制定有关无障碍法律条文的还有：1965 年制定的《以色列建筑法》、1968 年制定的《美国建筑法》，所有这些法律都进一步明确了建筑及其环境都必须对残疾人做出的无障碍承诺。

以美国为例：美国是世界上第一个制定《无障碍标准》的国家，其无障碍环境建设既有多层次的立法保障，并已进入了科研与教育的领域；各种无障碍设施既有全方位的布局，又与建筑艺术协调统一，同时给残疾人、老年人带来了方便与安全，水平堪称世界一流。现在看来，无障碍设计不仅服务于全美 3700 万残疾人，而且使全民受益。

1961 年美国国家标准协会（ANSI）制定了第一个无障碍设计标准。他们协调各专业协会的各种要求，制定统一的具有指导性的无障碍设施的最低要求。在制定和提出的过程中，通过立法机构有关法案，使无障碍设计具有某种强制性。例如，1968 年和 1973 年，国会分别通过了《建筑无障碍条例和康复法》提出了使残疾人平等参与社会生活，在公共建筑、交通设施及住宅中实施无障碍设计的要求，并规定所有联邦政府投资的项目，必须实行无障碍设计。为此，各州的地方当局，可根据国家统一标准和本州的情况，制定出适用于本州的无障碍技术规程。例如，华盛顿州 1976 年正式通过了无障碍设计的法规，由城市规划管理部门负责审查，强制执行；如设计图纸上对无障碍未予考虑，就不能施工；如建筑物已建成，但不符合无障碍设计要求，就不发给使用证；对于无使用证而使用的，可以起诉，处以罚款。此外还规定，20 套以下的公寓建筑中必须设一套无障碍住宅，20 套以上时则每 20 套设 1 套无障碍住宅。

在推行建筑无障碍设计技术方面，美国还以解决残疾人平等参与社会政治、文化生活和共享社会公用福利设施条件为原则，并按需要和可能、一般和个别两种情况区别对待。在重要的历史文化建筑物上，如联合国大厦、国会大厦、总统府白宫、国立图书馆、高等法院及新建的国家美术馆、肯尼迪中心和宇航博物馆等，自外而内的有关无障碍的系列设施，在位置、关系方面都安排得较适当，功能齐备，形式上也能令人接受。对于较为古老的建筑物的改造工作同样十分认真细致，在造型上尊重原有风貌，注意整体，经过改造以后没有画蛇添足之感。例如阿灵顿无名军人纪念会场的改造和奥兰多迪斯尼乐园的无障碍环境设计。

3. 我国无障碍环境建设的历程

中国政府非常重视无障碍环境建设问题。1990年，颁布了《中华人民共和国残疾人保障法》，该法对无障碍建设做了规定："国家和社会逐步实行方便残疾人的城市道路和建筑物设计规范，采取无障碍措施。"1996年，我国政府又颁布了《中华人民共和国老年人权益保障法》，该法规定："新建或者改造城镇公共设施、居民区和住宅，应当考虑老年人的特殊需要。建设适合老年人生活和活动的配套设施。"以上法律的规定，保证了我国众多的残疾人、老年人以"平等"、"参与"、"共享"为宗旨，享有与其他公民平等的权利，并保护其权利不受侵害。

在1989年，我国就颁布的JCJ 50—88《方便残疾人使用的城市道路和建筑物设计规范》（以下简称规范），对无障碍环境建设在技术上做出了强制性规定，真正使建设无障碍环境建设从规划、设计上落到了实处。

为了使《规范》能切实贯彻实施，1990年5月，在《规范》发布一周年之际，中华人民共和国（以下简称规范）建设部、中华人民共和国民政部、国家计委、中国残疾人联合会等又向全国发布了"关于认真贯彻执行《方便残疾人使用的城市道路和建筑物设计规范》"的通知，要求各级地方政府主管建设工作的部门将执行《规范》纳入到城市规划和工程建设计划中去，进行统筹安排，并要求各地结合本地区的具体情况制定补充规定和实施细则。1998年，中华人民共和国建设部与中华人民共和国民政部、中国残疾人联合会联合组成检查组，对《规范》的实施情况进行了重点地区的检查。针对检查中发现的问题，联合印发了"关于贯彻实施《方便残疾人使用的城市道路和建筑物设计规范》若干补充规定的通知"。1999年，建设部与中国残疾人联合会又进一步下发了"关于进一步推行无障碍设施的建设的通知"，要求各级建设行政主管部门对本地区的无障碍环境建设进行检查。

《规范》试行了多年以后，根据我国的实际情况及无障碍建设事业发展的状况，中华人民共和国（以下简称规范）建设部组织有关部门进行了重新修订，将《城市道路和建筑物无障碍设计规范》JGJ 50—2001，J114—2001批准为行业标准，并于2001年8月1日起实施。

2001《规范》实行了8年以后，国家住房和城乡建设部发布了《关于印发〈2009年工程建设标准规范制定、修订计划〉的通知》）（建标［2009］88号）的要求，由北京市建筑设计研究院会同有关单位重新编制修订新一轮无障碍设计规范。该规范在编制过程中，编制组进行了广泛深入的调查研究，认真总结了我国不同地区近年来无障碍建设的实践经验，认真研究分析了无障碍建设的现状和发展，参考了有关国际标准和国外先进技术，并在广泛征求全国有关单位意见的基础上，通过反复讨论、修改和完善，最后经审查定稿。于2012年3月30日颁布了《无障碍设计规范》（以下简称新《规范》，GB 50763—2012），2012年9月1日实施，原《城市道路和建筑物无障碍设计规范》（JGJ 50—2001）同时废止。本《规范》共分9章和3个附录，主要技术内容有：总则，术语，无障碍设施的设计要求，城市道路，城市广场，城市绿地，居住区、居住建筑，公共建筑及历史文物保护建筑无障碍建设与改造。本《规范》中以黑体字标志的条文为强制性条文，必须严格执行。本《规范》由住房和城乡建设部负责管理和对强制性条文的解释，由北京市建筑设计研究院负责具体技术内容的解释。《规范》的颁布实施，从法规的层面上赋予了无障碍设计的地位与意义。

无障碍设计不但是满足残疾人的需求，随着我国人口老龄化加剧，针对老年人对无障碍设施的需求，我国还颁布了《老年人居住建筑设计标准》（GB/T 50340—2003），并于2003年9月1日起实施。

经过几年的努力，新、老《规范》的实施已取得了可喜的成绩。在各大中城市，新建和改建的中心广场、人行通道和公共建筑以及居住小区几乎都有无障碍的典型工程，达到了方便残疾人平等参与社会生活，与健全人共享社会物质和文化的成果，取得了相应的经济效益和社会效益。

同时，为了确保在城市基础设施建设中能贯彻实施好《规范》，住房和城乡建设部根据国务院发布的《建设工程质量管理条例》、《建设工程勘察设计管理条例》，也将《规范》中有关残疾人通道等规定纳入了《工程建设标准强制性条文》，明确要求勘察、设计单位必须按照工程建设强制性标准进行勘察、设计，否则，将给以相应的处罚。

我国第一部无障碍地方性法规——《北京市无障碍设施建设和管理条例》（简称《条例》）于2004年5月16日正式实施。

《条例》规定："今后，北京市新建、扩建和改建公共建筑、居住建筑、城市道路和居住区内道路、公共绿地、公共服务设施的建设单位，必须按照国家《城市道路和建筑物无障碍设计规范》的要求和本市有关规定建设无障碍设施。建设项目的无障碍设施必须与主体工程同时设计、同时施工、同时交付使用。2004年5月16日前已建成的公共建筑、居住建筑、城市道路和居住区，如没有建设无障碍设施或者无障碍设施建设不规范，应当按照《设计规范》和其他有关规定进行改造。"

《条例》还规定："行政机关及其工作人员违反条例规定，不履行法定职责或者滥用职权的，由上级行政机关或者有关部门责令改正，对直接负责的主管人员和其他责任人员依法给予行政处分；构成犯罪的，还将依法追究刑事责任。"

2002年，我国首次提出了开展创建全国无障碍设施示范城市的活动，北京、天津、上海等12个城市被列为首批示范创建城市，积极探索了我国城市无障碍建设工作模式。在此背景下，上海、杭州等城市开始编制无障碍设施建设的专项规划，指导全市的无障碍创建活动。

2007年，在全国100个城市（包括直辖市、计划单列市、省会城市等）开展创建全国无障碍建设城市工作，初步形成我国城市无障碍化的基本格局。

2008年，中央提出将无障碍建设作为中国特色社会主义事业的重要组成部分，并成立了无障碍建设领导小组。政府各部门形成了统一领导、各司其职、密切合作、全社会共同参与的工作机制。为顺应新时期城市建设的发展的需求，2008年，国家组织开展了对《残疾人保障法》的修订工作，对30项有关无障碍建设的标准规范进行了全面梳理和审定；同时，为引导社会公益性服务建设项目的投资，组织制定了《残疾人综合服务设施建设标准》，逐步构建了较为完善的技术标准与技术文件体系，使无障碍建设工作有法可依、有章可循。2008年，北京奥运会和残奥会的成功举办，见证了现阶段我国在无障碍设施的建设上的成就，北京在申办奥运期间，以"人文奥运"为出发点，实施完成了1.4万多项无障碍改造项目，部分无障碍设施建设达到或已超过世界先进水平，这也标志着我国无障碍建设进入到一个新的阶段。

随着两轮五年规划的摸索和实践，无障碍设施建设专项规划的基本框架正在逐步形成和稳定。除了上海、杭州以外，深圳等城市也开展编制全市的无障碍设施建设和改造规划。无障碍设施建设正在向着科学系统的方向不断发展。

2012年6月13日经国务院第208次常务会议通过，2012年6月28日中华人民共和国国务院令第622号颁布实施《无障碍环境建设条例》（以下简称《条例》），标志着我国无障碍环境建设进入依法开展的阶段。《条例》的实施，对于我国依法全面、系统开展无障碍环境建设，提高城乡现代化建设水平，维护残疾人、老年人及全社会成员参与社会生活权益，促进社会文明进步具有重要意义。

制定出台贯彻《条例》的地方性法规、规章，是结合地方实际切实落实《条例》规定的内容、促进我国无障碍环境建设的一项重要措施。《条例》颁布后，中国残联下发了《关于切实贯彻落实〈无障碍环境建设条例〉加快推进无障碍环境建设的通知》（残联〔2012〕97号），要求各地要加快推动制定地方无障碍环境建设法规、规章。目前一些省（区、市）已将制定地方无障碍环境建设法规、规章列入立法计划。

2013年8月，中国残疾人联合会又下发了关于加快制定《无障碍环境建设条例》地方性法规、规章的指导意见（残联〔2013〕148号），在意见中对进一步加快各地无障碍环境建设法规、规章的制定工作，提出以下要求：

（1）要充分认识制定无障碍环境建设地方法规、规章的重要意义

近些年来，在各级党委、政府的高度重视和各相关部门的大力推动下，我国无障碍环境建设发展较快，无障碍环境建设法规标准体系不断完善，城市无障碍化格局基本形成。但也要看到，当前我国全社会无障碍环境建设意识有待进一步提高，新建无障碍设施不规范、不系统，已建设施未进行无障碍改造，无障碍设施管理亟待加强，信息交流无障碍建设、残疾人家庭无障碍改造、农村无障碍建设较为滞后等突出问题。切实贯彻《条例》、制定地方无障碍环境建设法规、规章，是当前刻不容缓的一项重要工作任务，也是依法推进我国无障碍环境建设深入开展的重要保障。各省级残联要做好制定法规、规章的各项基础性工作，积极与住房和城乡建设部、工业和信息化部等主要负责部门沟通，共同向省（自治区、直辖市）人大常委会、政府法制办汇报，抓紧启动相关工作，争取尽快列入立法计划。

（2）地方法规、规章要在《条例》的基础上有所突破和创新

地方法规、规章是贯彻实施《条例》的具体规定，条款内容应当更丰富具体和具有实用性、可操作性。在内容上，要坚持《中华人民共和国残疾人保障法》和《残疾人权利公约》的基本原则精神，要贯彻《中共中央国务院关于促进残疾人事业发展的意见》、国办转发的《关于加快推进残疾人社会保障体系和服务体系建设的指导意见》及地方残疾人保障法实施办法中相关无障碍环境建设的内容，要注意与国家、地方和无障碍环境建设相关的法律法规规章衔接配套，要借鉴国内外推进无障碍环境建设的行之有效的立法经验。特别要切实落实《条例》规定的各项内容，《条例》中已有的规定和内容不应减少，《条例》中原则性的规定要具体化，增强操作性，要结合本地区经济社会发展、城乡建设和无障碍环境建设发展的实际情况以及残疾人面临的突出困难和问题，力求有所突破、有所创新，切实使地方法规、规章成为进一步推动地方无障碍环境建设发展、维护残疾人、老年人及全社会成员参与社会生活权益的重要保障。

（3）营造全社会无障碍环境建设良好氛围

要将制定无障碍环境建设地方法规、规章作为一次重要的宣传无障碍环境建设的机遇和

过程，组织运用多种宣传手段，开展丰富多彩、全方位、多角度的宣传活动，大力向政府部门、社会各界和广大残疾人宣传无障碍环境建设的内容、知识、作用，切实推动政府部门依法履行职责，将无障碍环境建设纳入重要工作日程；增强残疾人的无障碍权利意识，为残疾人反映诉求、进行监督、参与无障碍建设创造条件、提供服务；使社会大众充分了解无障碍，认识无障碍，明确自身责任和义务，自觉维护无障碍设施，更好地参与支持无障碍环境建设，营造全社会无障碍环境建设良好氛围。

针对各地在制定法规、规章工作中可能遇到的实际问题，参照《无障碍环境建设条例（规定）》（附录4），供各地在制定法规、规章工作中参考。

4. 成绩与经验

经过有关部门的共同努力和社会各界的广泛参与，从 20 世纪 80 年代末、90 年代初开始，我国无障碍建设从无到有、从点到面，取得了积极的成绩：无障碍建设工作逐步纳入了国家经济社会发展规划，无障碍建设标准体系不断完善，相关部委开展了创建全国无障碍建设城市工作。特别是近些年来，我国实施修订后的《残疾人保障法》、批准加入联合国《残疾人权利公约》，通过举办残奥会、世博会、亚残运会也积累了无障碍建设的经验，城市道路、建筑物、信息交流和公共服务无障碍建设取得长足进步。不仅方便了残疾人、老年人等公民参与社会生活，也完善了城市功能，树立了良好的国际形象。

无障碍环境的建设必须通过"技术立法"才能有效规范工程的设计、施工及验收，才能使无障碍环境建设工程保质保量。《规范》颁布以来，一些城市在为方便盲人行走修建盲道，为方便乘轮椅者修建缘石坡道等方面做了大量工作，取得了较好的使用效果。初步形成了以点带线、以线带面的无障碍道路系统，减少了残疾人出行困难的问题。

在建筑物方面，大型公共建筑修建了方便乘轮椅残疾人和老年人从室外进入室内的坡道，以及可方便使用的无障碍设施（楼梯、电梯、电话、洗手间、扶手、轮椅席、客房等）。无障碍建筑不仅给残疾人的生活与工作创造了有利条件，同时给老年人、幼儿以及全社会成员带来了使用上的方便。

总结以上取得的成绩，归纳起来主要的经验是：政府的重视和健全审查监督机制及增大监督力度。

政府的重视是执行、贯彻《规范》的关键。制定规章，将无障碍建设环境纳入政府的职责，进入政府议事日程，才能有步骤、有计划地推进无障碍设施建设，才能加强并提高投资、建设、设计单位的自觉性。

2011 年度中国残疾人状况及小康进程监测报告表明：城镇残疾人对无障碍设施的满意度提高。无障碍是残疾人平等参与社会的重要条件，残疾人是无障碍环境的主要使用者和受益者，残疾人对无障碍环境的满意率可以反映出城镇无障碍环境的水平，也反映出残疾人对无障碍设施建设的认可程度。2007 ~ 2011 年度城镇残疾人对无障碍设施和服务表示非常满意或满意的比例持续上升，2011 年度满意度达到 77.9%，与上年度相比，上升了 8.5 个百分点，反映出无障碍设施建设的成效。

5. 无障碍环境建设存在的问题

我国无障碍建设仍存在许多亟待解决的困难和问题：一是相当部分新建设施未严格执行无障碍标准，大部分城市的既有道路、公共建筑、居住小区、公共交通设施等未进行无障碍改造，农村无障碍建设也需加大力度；二是已建无障碍设施管理力度有待进一步加强；三是信息交流无障碍还较薄弱，残疾人获取信息、进行交流存在障碍；四是无障碍服务较为滞后，残疾人参与社会生活还存在困难。

通过立法促进无障碍建设是世界各国的通行做法。如美国《无障碍508法案》、德国《通讯无障碍条例》、《无障碍阅读条例》、日本《公共交通枢纽无障碍设施建设导则》等等，都为促进无障碍建设发挥了重要作用。我国到目前为止，虽然包括《残疾人保障法》在内的一些法律法规包含了涉及无障碍建设的条款，但内容过于原则，且法律责任不明确，实践中难以有效执行。无障碍建设亟待通过行政法规来规范和推动。《中共中央国务院关于促进残疾人事业发展的意见》、国务院批转的《中国残疾人事业"十二五"发展纲要》等也都明确要求要制定无障碍法规。

无障碍设施建设是一件长期性的工作。北京奥运会、上海世博会、广州亚运会以及深圳大运会的筹备为推动城市无障碍环境建设产生了巨大推动作用，但是仅仅依靠大事件、运动式的规划建设方式显然难以满足实际存在和不断增长的需求，因此，在无障碍设施建设过程中，急需不断形成完善一套易于操作、适用于日常规划管理需要的工作机制。

综上所述，归纳起来，表现为以下几个方面：

（1）建立无障碍环境的意识有待提高

在各级领导、业主以及工程技术人员中对无障碍环境建设的认识还不到位，有的根本没有这方面的认识，有的认为无障碍设施可有可无，有的认为无障碍环境建设只是针对少数的残疾人。

（2）城市规划、工程设计的审批和工程施工、验收的监督力度需要加强

目前，就全国而言，审批、监督制度还未真正有效地建立起来，违反强制性标准的现象不断发生。无障碍设计规范的执行没有有效的监督，无障碍设施的工程验收没有有效把关，是当前无障碍环境建设中遇到的突出问题。

（3）对已建无障碍设施的维护和管理亟待改进

当前，无障碍设施被挤占、损坏的情况比较普遍，有的盲道成为停车场地，甚至被破坏；有的已建无障碍设施被摊位侵占；有的建筑物无障碍设施另为它用。管理不善造成了无障碍设施无法正常使用，形同虚设。

（4）相关的设备和产品不配套

无障碍设计的专用设备、产品较少，如室内盲砖、专用卫生设备、安全抓杆、音响信号以及标志的品种相对缺乏等。

（5）无障碍设计未实现系统化

有的设计中对盲道、通道门、楼梯、电梯、电话、洗手间、扶手及标志物等部位设计不细，有的部位有所遗漏，形不成系统，影响了无障碍工程的连续性。

6. 无障碍建设对策

（1）要进一步提高认识

无障碍设计既不是技术难题，也不是加大投资的问题，主要是认识问题。应当认识到，无障碍环境建设是为了方便残疾人和老年人、服务全社会的事业，是功及社会、利及百年的大事。为此，要进一步提高各级领导、业主和技术人员对建设无障碍环境的认识，特别要切实提高领导的认识。强化法律法规体系对残疾人、老年人的权利保障。

（2）加大建设项目的审批力度、把住验收关

我国正处在大规模建设时期，在建、待建工程中加入无障碍设计内容，增加投资不多但收益很大。如果项目建成后再进行无障碍环境改造，投资就会加大，困难也会增多。如何确保《规范》的实施，不出现日后改造现象，关键是建立工程建设全过程的审查制度，包括规划、设计、施工及验收，特别是要把好验收关。强化规划统筹，科学指导无障碍设施的建设，提高设计和建设水平，严格遵照设计规范施工建设，并逐步将无障碍设计的要求纳入通用设计的范畴，逐步实现整体城市环境的无障碍。

（3）加强设施管理，保证无障碍设施的正常使用

建立无障碍环境是一个系统工程，一环扣一环，涉及面很广。为有效解决无障碍设施被挤占、损坏、另为它用的问题，加强无障碍设施管理是当务之急，对此，应引起各级部门的重视，提升城市管理水平，重视设施的日常管理和维护，发挥社会团体的效能，建立长效的监督机制。

（4）《规范》内容应不断补充、完善

我国是发展中国家，无障碍设计尚处起步阶段。今后，应结合经济和技术发展状况，不断完善和深化设计规范。例如，2012年修订完成的《规范》，进一步补充了桥梁与立体交叉设施的无障碍设计以及学校、居住建筑和居住小区的无障碍设计等内容。根据国外城市规划管理的经验，应该逐步将无障碍的设计规范与要求纳入通用设计的范畴，因此，建议结合目前城市规划建设的变化，对原有的城市设计标准规范的条文进行修订，强制性要求应给予扩展完善。特别是随着近年来轨道交通的广泛建设，完善轨道交通设施的无障碍建设要求，同时，积极应对老年人、残疾人生活需求，加强住宅内的无障碍设计，并逐步开展关于无障碍住房的配建标准的细化研究。

（5）确保无障碍设计的系统化

无障碍设施建设需要政府各个部门积极协助、共同努力、形成合力。逐步建立由发改委、财政、规划、建设、交通、城管、教育、老龄、残联、民政等多个部门组成的推进协调机制，把无障碍设施建设管理中诸如计划安排、规划建设、资金投入等问题放到一个开放的平台上，充分协调解决遇到的各项问题，并形成指导、检查、督促无障碍设施建设和改造工作，保障规划建设的有效实施。不断提高设计人员执行规范的自觉性，保证无障碍设计的系统化。无障碍设计不仅仅是修建一个入口坡道的简单概念，关键是做到系统化、体系化。要真正做好道路和建筑物的无障碍，必须每个环节畅通无阻，方便实用，这就需要设计人员以高度的责任感，做周密细致的考虑和科学的研究。

（6）加强专用产品的开发与配套，实现定型生产应进一步完善无障碍设计

在产品配套与定型方面，应抓好室内盲道、专用卫生设备、安全抓杆、音响信号和标志等产品的生产，促进无障碍设计的推广与应用。

（7）加强教育与培训

教育与培训不仅是增强工程技术人员无障碍意识，提高设计水平的重要措施，也是对"用户"提高认识和参与度的重要举措。实行广泛的宣传和培训，加大无障碍设施建设的宣传工作，促进全社会共同参与无障碍设施建设，营造一种全社会参与、建设无障碍环境的氛围。为此，在大专院校课程中应加入无障碍设计的内容并加强在岗人员的培训是非常必要的。

第1章　无障碍物质环境

1.1　概述

1.1.1　环境障碍的缘由

长期以来，社会环境的方方面面仅适合于身心功能完好的人，也就是适合健全人，城市中的道路、交通及市政建设，公共建筑及居住建筑的使用设施，从规划到设计，基本上是按照健全成年人的尺度和人体活动空间参数考虑的，许多设施是按照健全成年人的活动模式和使用需要进行设计和制定的。因此社会环境的许多方面不适合残疾人使用，有的造成了无法通行的障碍。这种社会环境障碍使残疾人丧失或减少了与其他人发生密切联系的机会，给他们的生活和交流造成了诸多不便。这些障碍实质上是剥夺了残疾人平等参与社会生活的权利。这种现状的产生是由于建筑设计者和道路设计者们及有关管理部门对现今的人口结构、城市的功能、环境的作用缺乏了解和认识，未能把城市建设作为一个为综合性的人口结构而服务的整体来看待。

1.1.2　无障碍物质环境的概念

无障碍物质环境就是指使正常人、病人、孩子、青年人、老年人、残疾人等没有任何不方便和障碍，能够共同自由地生活与活动的物质设施空间。无障碍环境概念的范围比设施更大更广：除建筑物、道路无障碍，还包括交通工具无障碍、信息和交流无障碍（电视手语和字幕、盲人有声读物、音响信号、手机短信息、信息电话等等），以及人们对无障碍的思想认识和意识等。从建设部门来看，多指无障碍设施，从整个社会来说，多指无障碍环境。

1.1.3　无障碍物质环境的建立

事实证明：一个建筑单体或是建筑群乃至整个城市，建立起全方位的无障碍物质环境，不仅是满足残疾人、老年人的要求和使全社会受益的举措，也是一个城市社会文明进步的体现。

在讨论建立一种无障碍环境时，通常关注法规、设计标准及规划人员、建筑师的教育、技术可行性等方面的问题，而在社会性、整体性、系统性等方面考虑的甚少。

规划、建造与设计的整个过程极少作为新战略发展的基础，而且这个过程也并未超越技术范围。在进行实际规划与设计、基础设施与公共交通分类时，通常将这些理解为政治行为，因而可以触及问题的实质。事实上，环境规划的积极结果是通过多项因素保护社会。这些因素包括：（1）从总体上承认民众的基本权利；（2）许多有责任的人员及组织介入的复杂管理过程；（3）使用设施的日常自觉维护等。

在制定无障碍规划及设计方法时，社会中的主要政治和社会力量以及用户组织的作用等都应考虑进去。残疾人与老年人的一般观点、社会综合水平的高低也都是非常重要的因素。

1.2　无障碍环境的内容

无论从理论上还是从实践上讲，实际环境是空间的一种延续。无障碍设计意味着向用户提供一种可能，使其能够不受约束地持续使用空间。

所建环境可被定义为对物质环境进行改造使其形成新的形式。同时，由于空间实际上已被人类所改变，它通常按照一些人为概念加以区分和归类，如"公共的"、"私人的"以及"功能性的"。使用空间的权利和使用空间的可能性定义为可获得性，这种可获得性不仅被实际障碍所限制，而且也受限于复杂的文化、社会与经济等环境制约。在考虑无障碍环境时，对不同的残疾类型有不同的特点和要求，主要有下面的内容。

1.2.1　肢体残疾者的无障碍环境

（1）下肢残疾者

①独立乘轮椅者

- 门、走道、坡道尺寸及行动的空间均以轮椅通行要求为准则；
- 上楼应有适当的升降设备；
- 按轮椅乘用者的需要设计残疾人专用卫生间设备及有关设施；
- 地面平整，尽可能不选用长绒地毯和有较大缝隙的设施；
- 可通行的路线和可使用的设施应有明显标志。

②拄拐杖者

- 地面平坦、坚固、不滑、不积水、无缝及无大孔洞；
- 尽量避免使用旋转门及弹簧门；
- 台阶、坡道、楼梯平缓，设有适宜的双向扶手；
- 卫生间设备安装安全抓杆；
- 利用电梯解决垂直交通；
- 各项设施安装要考虑残疾人的行动特点和安全需要；
- 通行空间要满足拄双拐杖者所需的宽度。

（2）上肢残疾者

①设施选择应有利于减缓操作节奏；

②采用肘式开关、长柄扶手、大号按键，以简化操作。

（3）偏瘫患者

①楼梯安装双侧扶手并连贯始终；

②抓杆设在肢体优势一侧，或双向设置；

③平整不滑的地面。

1.2.2 视力残疾者的无障碍环境

（1）盲人
①简化行动路线，布局平直；
②人行空间内无意外变动及突出物；
③强化听觉、嗅觉和触觉信息环境，以利引导（如扶手、盲文标志、音响信号等）；
④电气开关及插座有安全措施，且易辨别，不得采用拉线开关；
⑤已习惯的环境不轻易变动。
（2）低视力或弱视者
①加大标志图形，加强光照、有效利用色彩反差，强化视觉信息；
②其余可参考盲人的环境设计对策。

1.2.3 听力残疾者的无障碍环境

（1）强化视觉、嗅觉和触觉信息环境；
（2）采用相应的助听设施，增强他们对环境的感知。
建立无障碍环境的方法通常始于对空间的管理、经济与技术的划分，比如对"私有"与"公共"空间的划分，住房与公共建筑、建筑物与街道环境以及建筑与交通等的划分，最终使全社会对无障碍环境引起关注，并通过相关措施加以实施，全面实现无障碍环境，使得残疾人在当今社会里有完全平等参与社会活动和生活的机会。

1.3　无障碍设施设计过程、控制与实施

1.3.1 无障碍设计的概念

在我国，"无障碍"这个专业名词对大多数民众来说也许是陌生的。但如果提起"盲道"、"台阶两旁的坡道"及"残疾人专用"等词汇，大家可能就会恍然大悟了。无障碍设计（barrier free design；accessibility design）的概念名称始见于1974年，是联合国组织提出的设计新主张。无障碍设计强调在科学技术高度发展的现代社会，一切有关人类衣食住行的公共空间环境以及各类建筑设施、设备的规划设计，都必须充分考虑具有不同程度生理伤残缺陷者和正常活动能力衰退者（如残疾人、老年人）群众的使用需求，配备能够应答、满足这些需求的服务功能与装置，营造一个充满爱与关怀、切实保障人类安全、方便、舒适的现代生活环境。

1.3.2 无障碍设计的基本思想

无障碍设计的理想目标是"无障碍"。基于对人类行为、意识与动作反应的细致研究，致力于优化一切为人所用的物与环境的设计，在使用操作界面上清除那些让使用者感到困惑、困难的"障碍"（barrier），为使用者提供最大可能的方便，这就是无障碍设计的基本思想。

1.3.3　无障碍设施的概念

无障碍设施是指为保障残疾人、老年人等群体的安全通行和使用便利，在建设项目中配套建设的服务设施。

1.3.4　无障碍设施设计过程的概念

为建设城镇的无障碍环境，提高人们社会生活质量，确保行动不便者能方便、安全使用城市道路和建筑物，对道路交通和建筑物进行调研、咨询、规划、方案论证、技术设计、修改完善、提交施工详图等一系列工作环节的综合称之为无障碍设施设计过程。

1.3.5　无障碍设施设计过程

（1）规划与决策

某种形式的规划与决策总是先于一幢建筑物或一条街道的建成。在实现了工业化的社会里，法律与实践规定了规划与决策过程，这已成为一种惯例。这个过程通常由专业人员提供方案并由有关部门论证和报批。在正常情况下，至少从理论上讲，这个过程是在民主控制下依据法律和标准规范进行的。

（2）设计

这个过程通常由专业人员完成并由业务主管部门进行监督检查及审批。具体过程如下：

①相关基础资料的收集；

②对有关部门、社会团体、知名人士、用户等进行咨询；

③初步设计（概算编制）；

④审查论证；

⑤施工详图设计（预算编制）；

⑥报批。

1.3.6　控制与实施

（1）控制

对道路交通和建筑物进行调研、咨询、规划、方案论证、技术设计、修改完善、提交施工详图等一系列工作环节在制度、规范、法规及法律等方面进行有效地监督措施的全过程称之为控制。规划、设计与建设被认为是构成连续的决策过程的完整步骤。这个过程中不同阶段的连续性是非常重要的，设计工作以无障碍通行能力标准为基础，而这些标准又是依据国家相关法律制定的。

建设开始前必须从地方建设主管部门获得建筑许可。同一业务主管部门负责控制建筑物建造，以保证与许可要求一致。

有关部门活动中的必要法律控制必须建立在民主制度下。公共控制依赖于所有管理体系的功能。市民权利的公共认识对控制系统是非常必要的补充。在所有情况下，规定与政治决策程序的透明都是公共控制的前提。残疾人自助组织在帮助确保法律体系实现其功能方面将起到重要作用。

（2）实施

实施一词在这里意味赋予控制部门相应的权利，在这种情况下即为控制许可。实施程序由市政府主管部门执行。如果在实施过程中相应的法律程序未得到履行，则实施的结果视为无效，有关部门和建筑业主应负有一定的责任。当实际环境被建造并使用时，生产阶段结束并转向管理及维护阶段。无障碍环境的通行能力取决于建设的每一个阶段。

1.4　无障碍环境的研究、设计指标体系

1.4.1　无障碍环境研究的内容

在许多发展中国家，还都没有分配必要的专业人员、土地及经济资源用于支持在这一领域的研究和开发工作。应该加强在这一领域的地区之间的横向研究与地区内部的经验交流，开发适用于不同国情与地区条件的研究方法。对农村地区，无障碍通行环境问题的研究是非常重要和亟待进行的。同时，要求对用户反馈信息进行研究，残疾人及其组织应通过一定渠道将他们的经验告诉规划人员。同时，也必须考虑到地区文化和经济状况的不同。具体研究内容建议从以下几个方面考虑：

（1）产生障碍环境的由来；

（2）无障碍环境的历史、现状及发展前景；

（3）残疾人、老年人及儿童行动特征；

（4）残疾人的类型（语言障碍、听力障碍、肢体障碍、视力障碍、心脏有问题、行动不便等）；

（5）城市道路无障碍实施范围；

（6）建筑物无障碍实施范围；

（7）规范的制定、执行及进一步修改和完善；

（8）法律保障体系的建立。

1.4.2　设计指标体系

无障碍环境设计指标体系的建立应立足于为残疾人、老年人、儿童及需要照顾的人提供便利。大的设计指标牵涉面可划分为建筑物（各类新老建筑，包括公共建筑及私人建筑）、公共设施（包括公众有权使用的全部场所的公共设施）、公路及内陆交通（包括人孔、排水与排污系统、公路、人行道、工作人员通道、行人路口、道路辅道、过街天桥、码头和防洪堤）、运输系统（包括陆路、水路、航空运输系统的各类交通工具）等四部分。在这四部分之下又分解为若干子指标，每个子指标有明确的表述。

1.5　无障碍环境设计的培训与教育

无障碍环境的规划和建筑设计在国与国之间或在同一国家也会因条件不同而有所差异。在高度发达的工业化社会里，所有设计过程都是正规化的，规划人员、建筑师和建筑承包商

通常都经过正规培训，并达到一定专业水平。

传统的规划和建筑决策经常由那些没有接受过培训或没有接触过无障碍通行的人们去做。在亚太地区的许多发展中国家，所谓正规教育常常通过自己的建筑风格、建筑习俗及建筑传统和边学边干进行弥补。在快速变化的社会里，许多传统正在被新的建筑技术和不同于地方社区习惯的方法所打破或取代。

有关无障碍环境设计的知识培训的方式与方法，国家甚至地区之间各不相同。在培训的层次上，依据人们受教育的水平不同和现行的教育体制而定。在发展中国家，正规的建筑、规划和设计教育中应加入有关无障碍环境设计方面的内容。除此之外，在建筑、规划及工程领域应结合无障碍环境内容，开展国内、国际学术交流，以加快知识更新的速度。

无障碍环境设计的培训，不能单纯理解为技术上的培训，还应包括对残疾问题的认识和理解的各种培训。接受培训的人可分为：建筑师和设计师、建筑管理部门的人员、行政管理者及技术工人。

许多国家对规划人员、建筑师和建筑技术人员在无障碍环境设计方面的高水平教育没有充分重视，在大学课程设置中通常忽视无障碍环境设计与建设方面的内容，讲授有关内容的责任只落在个别教师身上，并且教师的讲授处于被动状态，师生的互动性以及教学研究参与的积极性没有充分调动起来。随着社会的发展和进步，无障碍环境设计的教育问题，不仅仅是高等院校或职业培训机构的事情，而应该引起全社会广泛的关注和重视。

1.6　无障碍设施用户的作用

在相当范围的亚太地区内，现有环境的创建方法只能为某一特定人群提供适当的便利和安全等级。这个特定人群即为那些身体健壮且肢体灵活、头脑健全的人们。而对另一些群体的需求则有明显的忽视，他们中包括残疾人、老年人、儿童、孕妇及保育人员，还有那些年老体弱者、临时残疾人员或单纯虚弱者。在发展中国家，现有环境设计、建设、维护及改造的决策过程中极少听到上述那些群体的声音。

所建环境的使用者及他们所属组织的作用在促进无障碍通行方面是至关重要的。残疾人基于他们自己每天在现有环境中要克服许多困难的经验而有宝贵的洞察能力，因此，他们应完全介入到规划、建设、监理和后期评价阶段的每个步骤中，对规划、决策、设计、实施、运行及维护等提出要求和建议，以便使无障碍环境的建设更加完善，设施的使用更加合理。探索加强国内及国际残疾人组织是保证促进无障碍通行成功开发的基本观点。当今，通过公共信息、管理上的监督、社团组织和政界力量等手段，对残疾人的态度已明显得到了改变，对残疾人无障碍通行需求问题已受到更加广泛的重视。今后在环境建设中，特别要强调：管理者、城市规划人员、建筑师、工程师和建设者们都应有一个共同的责任，即在建设的每一个过程中尽力征询用户意见，以保证所建环境中的设施和服务对不同群体都同等便利、安全和适用。

1.7　物质环境战略性改变

规划与建设不仅仅是技术问题，而且还是政治问题。它包含了许多利害关系，并会对社会的不同层次造成影响。它给个人的生活带来影响，同时也影响了整个人口的社会结构。

从根本上说，无障碍通行的基本点并不完全取决于技术问题，而主要取决于民众态度、社会觉悟水准、所有市民对宪法中规定权利的尊重等。实施则取决于法规的力量、专业人员的知识和技术、有关部门介入的程度以及相关的并具备相应知识的民众在改善无障碍通行过程中的参与程度。

公众控制是一项必要条件。没有使用者及其组织的强大民主影响，无障碍社会的目标将永远不会达到。尽管无障碍环境建立的方法会因国家不同而不同，但上述因素却是基本问题。

思考题

1. 什么是无障碍物质环境？
2. 无障碍物质环境包括的主要内容有哪些？
3. 无障碍设计的基本思想是什么？
4. 无障碍环境设计指标体系是如何划分的？
5. 无障碍设施用户的作用是什么？

第2章 无障碍设施设计的一般事项

无障碍实施设计必须严格执行有关方针政策和法律法规，以为残疾人、老年人等弱势群体提供尽可能完善的服务为指导思想，并应贯彻安全、适用、经济、美观的设计原则。城市道路和建筑物的无障碍设计应符合城市公共规划的要求，并与周边环境相协调。设计应积极采用新技术、新工艺、新材料、新产品，推进相关产品的国产化、标准化、系列化、多样化。在具体设计中必须要考虑使用对象的特征和特殊环境要求，要有明确的针对性。

2.1 行动特性的分类

残疾人是指在心理上、生理上、人体结构上某种组织、功能全部或者部分丧失，无法以正常方式从事某种活动的人。残疾人包括视力残疾、听力和言语残疾、肢体残疾、智力残疾、精神残疾的人。在本书中，将那些在建筑物等环境中有使人不能够自由通行的障碍物，如没有适当的设备，就难以利用这些建筑物的人，称作残疾人。无障碍实施设计主要针对视力、听力、肢体残疾者。

残疾人大致分为：下肢、上肢、感觉、精神的残疾，以及在这些方面有综合症的残疾人。

下肢残疾人是在步行方面有缺陷，其中有使用拐杖的人和使用轮椅的人。上肢残疾者是手或臂膀有缺陷，或不能自由支配的人。

知觉残疾者是在知觉上发生了障碍的人，主要是指视觉障碍者和听觉障碍者。

精神残疾人有精神薄弱者和其他的精神障碍者，建筑的设计如何适应精神残疾人，目前研究成果还很少，本书没有过多涉及。

老年人随着年龄的增加身体机能开始减退，出现综合性的障碍，特别是对高速的东西不适应，因此也被包含在"残疾人"之列。

幼儿无法使用为成人生产的东西，有时也被包含到有"障碍者"之中。

产孕妇或持有大件行李的人等，在一段时间里也被认为是有障碍者。

平常状态下，一般感觉不到障碍的只有青壮年的健壮者。多数建筑物或城市都是以健壮者使用为目标而设计的。尽管如此，健壮者面对很多楼梯和复杂的设备有时也不知所措。特别是感到疲劳或身体不舒服时，意想不到的设施有时也会成为障碍而不能使用。

因此，无障碍设计不只是以一部分残疾人为对象的建筑和城市的设计，而无论是谁，无论在哪里都要使大家使用方便的设计。可是，要想建设任何人都使用方便的建筑或城市环境，就必须了解老年人、残疾人、婴幼儿的行动特性，如果不这样就难免生产出他们不能使用的产品。这里主要是以轮椅使用者和视觉残疾者为主要群体进行的说明，这是因为轮椅使用者和视觉残疾者的要求是最难以达到的。建筑物和城市的设计与使用，如果让他们感觉使用方便的话，其他的残疾人也会使用方便。另外，如果残疾情况类似的话尽量综合起来标记，只有特殊的时候才需要特别的标记。

不同的人群会有不同的行动特性，其行动特性的分类如图 2-1 所示。

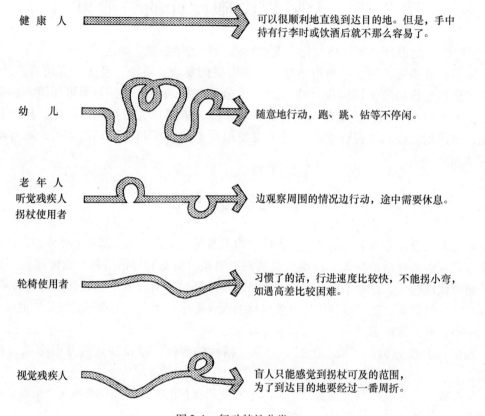

图 2-1　行动特性分类

不同残疾人的行动，也会有各自的特点，在设计和建设时就要充分了解和考虑这些特点，使他们方便使用无障碍设施。

2.1.1　不同人群一般行动特点

不同人群一般行动特点如图 2-2 所示，一般来说，走一点路是不会疲劳的。可是近些年来，人们乘车多了，走路少了，所以我们的腿脚就变得软弱失去了力量。

即使是健康的人在硬质地面上或非常光滑的地板上也不容易行走。

幼儿边玩边走路，注意力分散。

老年人腿脚不好，容易摔跤。

使用拐杖的人，体重是加在很细的拐杖尖上，容易滑倒。另外，拄双拐杖的人要使双拐分开行走，所以行走时所占空间较大。

轮椅直行时比较容易，转弯时需要一定的宽度。

视觉残疾者喜欢直行，行走时需要更多的参照物。有时也有用导盲犬等来领路的情况。

步行　　　　　　　　　　　上下楼梯　　　　　　　　　换乘（车）

图 2-2　行走特性分类

2.1.2　上下楼梯时的特点

　　上下楼梯时的特点如图 2-2 所示，上下楼一般是使用楼梯，楼梯过长就会感觉疲劳，如果有电梯或自动扶梯就方便得多。但是，乘坐电梯、自动扶梯时不论哪种人群都应注意安全。

　　即便是健康正常的人上下楼梯有时也有摔倒的危险。

　　幼儿有时在楼梯上玩耍。

　　对幼儿、老年人、行走困难者等需要设置楼梯扶手。

　　对轮椅来说，上下楼梯以及有高差的地方不宜使用，而需要设坡道或电梯。

　　视觉残疾人不容易发现楼梯、台阶以及有高差的地方。当台阶中间踏步的高度或宽度尺寸有所改变时，会给他们带来不便。多方向旋转的楼梯会使他们分辨不清方向。

2.1.3 换乘车时的特点

换乘车时的特点如图 2-2 所示，乘车出行时，换乘车如果很顺利的话，其行动范围就会扩大。但对残疾人来说换乘移动着的（车）或复杂的交通工具往往会有困难。

健康正常的人换乘车时所做的跳跃式移动，有时也会有危险。

幼儿则喜欢乘坐新的交通工具。

老年人、产孕妇等不能够匆忙地换乘车，动作缓慢并需要借助辅助乘车装置或可以抓的扶手等支撑物。

对轮椅使用者来说，如果被换乘车与地面有不适当的高差时就非常麻烦。

对视觉残疾人来说，预先不了解被换乘车的情况，就不好行动。

2.1.4 坐时特点

坐时特点如图 2-3 所示，人的坐法有很多。一般地来说，坐在高的地方可以看得远些，但不太安稳。坐在低的椅子上，比较安稳，但又不易活动，视线受到影响。

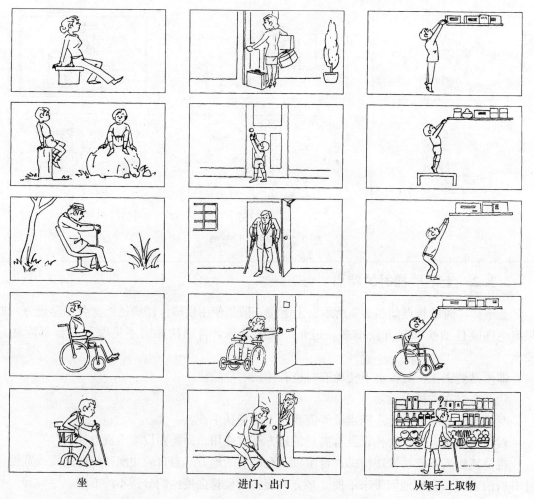

坐　　　　　　　　进门、出门　　　　　　从架子上取物

图 2-3　坐、进出门、取物特性分类

20

幼儿不能安静地坐着。

老年人从较低的座位站起来时比较困难，需要有扶手一类的东西。

轮椅可以就椅而坐，但桌子或其他的装置不配套就会有问题。从轮椅往其他坐席移动时很不方便。

视觉残疾者不容易找到座位的位置。

2.1.5 进出门时的特点

进出门时的特点如图 2-3 所示，对于视觉残疾者而言，如果不能看到门，不能开关门，也就无法进出门。

正常健康的人对复杂的锁也有不好打开的时候。手持很多东西时进出门就更不容易。

对幼儿来说，门的把手过高，门过重都会给他们带来使用上的不便。

对老年人、使用拐杖者来说，开关门时有很多不便。

轮椅使用者在开关门时，需要将轮椅接近门的空间。而旋转式门容易夹住轮椅，使其难以通过。为使轮椅方便通过，门的宽度应在 800mm 以上。

视觉残疾人容易撞击在走廊或通路一侧开敞着的门上。

2.1.6 取物品时的特点

取物品时的特点如图 2-3 所示，从架子上取物品的动作是需要有协调连续动作方能完成，因此最好将物品放在可以方便取放的地方。

健康正常的人可以使用梯子或台子取放高处架子上的东西，如果东西过重也会有危险。

幼儿、老年人、拐杖使用者等都难以使用处于高处的架子。但是，药品等有危险的东西要放在幼儿拿不到的高处为好。

轮椅使用者可取放东西的范围有限，过高过低都不能使用。

对视觉残疾人来说，放在架子上的东西都要按顺序放好，否则就难以找到需要的东西。

2.1.7 使用桌椅的特点

使用桌椅的特点如图 2-4 所示，桌子不仅在写字时需要，打字或使用其他的一些器具时也要用，不同的使用功能对桌子高度的要求也各异。

现在体格高大的人越来越多，过去的桌子显得有些不好使用，幼儿不便使用大人用的桌子。

老年人或拐杖使用者不便长时间站立。

在收款台等处需要放置凳子之类的东西。

对使用轮椅的人来讲，接待桌或桌子下面要留有能放进膝盖的空间。电话台也应该低一些为宜。

对弱视者来讲，桌面上的照明更需要明亮一些。

对使用电脑桌椅的人来讲，无论桌椅尺寸如何，显示屏的高度一定要因人而异。

2.1.8 不同天气状态时不同人群特点

不同天气状态时不同人群特点如图 2-4 所示，遇刮风下雨下雪等天气不好时，人们就更不好行动了。

正常健康的人如果打着伞的话也会影响视线。

幼儿有时会被大风刮倒。

边拄拐杖边打伞就更不方便了。

使用轮椅者在雨天外出就更困难，因为打着伞无法使用轮椅，淋湿后的路面容易使轮椅打滑，所以，只能使用小汽车。因此，建筑物的出入口处要设置宽敞一点的雨篷。

对视觉残疾人来说，天气不好的话，难以听到周围的反射声等，不容易掌握方向而难以出行，有时还有掉到水里的危险。

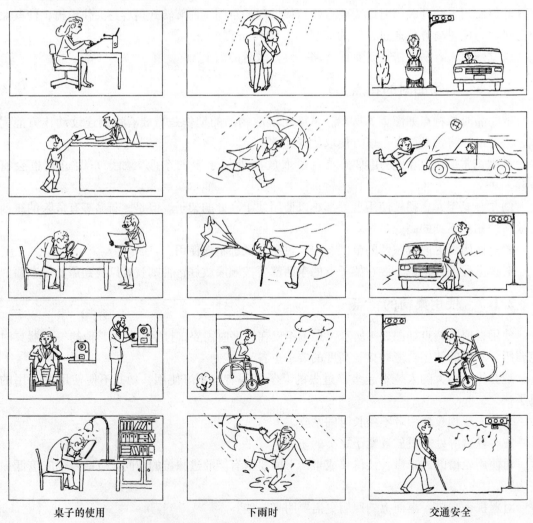

桌子的使用　　　　　　　　下雨时　　　　　　　　交通安全

图 2-4　使用桌子、下雨天、交通特性分类

2.1.9　交通安全特点

交通安全特点如图 2-4 所示，在步行道、车行道没有完全分离的道路上行走时，防止交通事故保护自己的安全不是一件很容易的事，特别是横穿马路时更加危险，健康正常的人也不能麻痹大意。

幼儿经常是不顾周围的情况，随意跑到车行道上，非常危险。

老年人和拐杖使用者等横穿马路时走得很慢，所以信号有必要延长时间。

听觉有障碍者听不到汽车声或警笛声，有时会发生错误的行动。

对轮椅使用者来讲，人行道与车行道之间的高差是一个大的障碍。需要将其做成坡道，长的坡道宜做成"蛇"形。

对视觉残疾人来说，需要有音声信号和诱导用的点字地砖。

2.2　不安全环境中的无障碍设计

对普通人没有任何问题的地方，而对老年人、残疾人、儿童等来讲，就有可能成为一种障碍，或不能够简单通过，或有可能造成受伤甚至丧失生命。我们一般把它称作为不测的事故。这种不测事故是起因于人们的不安全行为和环境的不安全状态的相互作用的结果。以前我们不大考虑老年人和残疾人、儿童等的使用情况而建设了城市和建筑物，所以对他们来讲受害的情况居多。如今我们应找出所有人与环境之间不协调的因素。首先，必须要努力改善环境。其次，改善环境后仍出现不安全的地方，就要从人性化的角度出发学习处理危险的技术来确保安全。如果只是在口头上强调要注意安全，是不会彻底消除不安全因素的。

对人来讲，无论你如何强调要注意安全，一直持续不断地集中注意力是不可能的，有时还是要出现问题的。即使是出现了问题也能够确保安全，这就需要两道、三道的安全对策才行。特别是对所有的各种残疾人的安全，没有多方面的切实可行的安全措施是不行的。

2.2.1　摔倒事故

摔倒事故如图 2-5 所示，摔倒往往是因为滑倒、绊倒而失去平衡所引起的。对拐杖使用者来说体重加在了拐棍头而容易滑倒。视觉残疾者因认知障碍，而容易绊跤。老年人因为平衡功能减退而易摔跤，而且摔伤又不容易治愈。

地面有倾斜的地方，都应采取防滑措施。高差或高低不平也容易绊跤，因此电线或煤（燃）气管线不要明铺在地板上。

地板材料要使用防滑材质，或摔倒后撞击影响比较弱的材料。

地板打蜡后或将肥皂水弄在地板上都会使地板易滑，对这些东西的使用要特别注意。

平衡功能障碍者需要有支撑身体的扶手等支撑物。支撑物要支撑人的体重，所以要安装结实。

下肢残疾者在电梯扶梯的终端，脚的速度跟不上扶梯的滑动易跌倒。在其延伸处设置固定扶手为好。

摔倒时，如果碰在锐利的棱角或破碎的玻璃上会加重伤势。地面上最好不要放置这些东西，建筑物和家具的阳角尤其要引起重视，尽量避免。

正常健康者

· 平时很谨慎的人，疲劳以后注意力也会出现不集中的情况。
· 慌张或不安全的姿态也会招致交通事故。
· 在人多拥挤的时候，按健康正常者的情况设置标准就很不安全，应该以人群中的弱者的情况为准。
· 违反集体行动规律的行动，有时会使交通事故的事态扩大。
· 醉酒或自暴自弃的行为会降低安全性。

幼儿

· 判断力尚未成熟，不知道药品、煤气、烟火、热水等的危险性。随意做一些有危险的事情。
· 很活跃，随便地跑啦、跳啦，容易撞车。
· 身体的重心偏高，所以很容易从窗台、阳台上翻身掉下去。
· 感觉到有危险的话，有时会钻到孔洞里。

老年人、视觉障碍者、拐杖使用者

· 认知周围情况的能力较差，不容易预知危险。
· 对复杂的东西不易理解，一些现代化设备不会使用，错误的使用会出现危险。
· 行动缓慢，对速度快的东西跟不上。平衡功能较差，容易摔倒，摔倒后易骨折，而且不容易治愈。

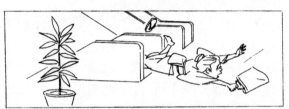

轮椅使用者

· 只能从水平方向避难。
· 高低不平的地面，容易摔倒。
· 轮椅在较长的坡道行走时，容易速度失控。
· 在人多拥挤时，容易出现碰撞，而不能前进。
· 使用健康正常人站立时所用的厨房用具，会出现别扭的姿势，容易发生危险。

视觉障碍者

· 对障碍物、危险物难以预知，特别是这些东西在移动时，就更加难以预测。
· 手持的探物拐杖只能探知地面的状况，而对墙面、顶棚的突起物不容易发现。
· 危险的地方用栅栏围起来，使人不能靠近当然更好。有的时候一些器具经过多次使用熟悉后便成习惯，即便是略有危险也认为是可以使用的。

图 2-5　摔倒事故特性分类

2.2.2　跌落事故

跌落事故如图 2-6 所示，跌落事故由于加速度的原因往往会使伤情加重。从二楼跌落时有时只是摔伤而已，如果从三楼以上跌落的话，就会有生命危险。周围有高低差的地方，要有特别的标志以提示，防止跌落事故的发生。

注意不要设计不加盖子的道路旁沟和没有扶手的板式或梁式楼梯等。

楼梯、坡道、阳台等处应加设侧壁或扶手。扶手下面的栏杆柱的间隔，在有幼儿使用的地方要小于 100mm，否则，幼儿会钻过去发生危险。扶手下面的横档有时会被当作脚蹬，

24

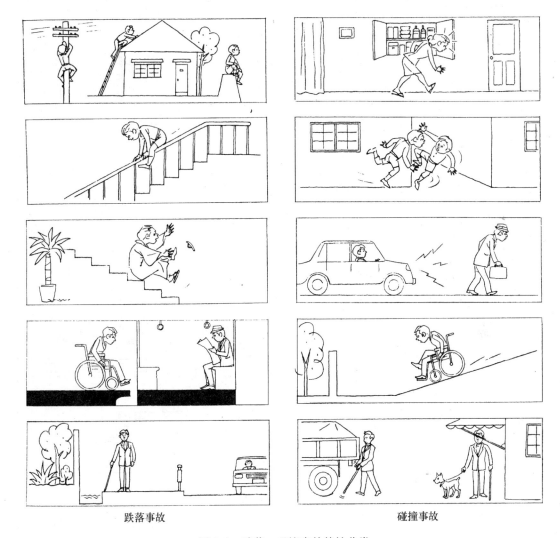

跌落事故　　　　　　　　　　　　　　　碰撞事故

图 2-6　跌落、碰撞事故特性分类

跨越上去会发生跌落的危险。

视觉残疾者踩空楼梯的危险性很大。特别要注意在楼梯始、终端的设计，在材质上加以区别，或加上点字盲文，使他们便于预知楼梯的状况。

楼梯歇脚平台设有高差，或踏步的宽度、高度不一致时，都容易绊脚摔跤。

弱视者容易将下楼梯的台阶误看成是一块板，所以，需要有防滑的设计或者在踏步面上加上颜色等来提醒他们注意。

幅宽 15mm 以上的水沟槽，会使轮椅的轱辘或拐杖头掉进去，从而造成轮椅的倾翻或摔倒。

2.2.3　碰撞事故

碰撞事故如图 2-6 所示，在走廊步行时，易发生由于旁边的门突然打开而撞在门上受伤的事故，或者在家中碰撞在吊柜、家具、柱子、玻璃上而受伤。

在很窄的走廊一侧，不宜设置向外开启的门。

在吊柜、家具、柱子等棱角处，注意做成切面或圆角。

听觉残疾者听不见汽车驶近的声音或喇叭的声音，所以无法躲开，撞车事故时有发生。在入口处或停车场的出入处也需要"人车（行）分离"。

轮椅在下坡时会出现很快的速度，距离墙面需要留有3.00m以上的水平面作为缓冲。

弱视者等不容易看清大的透明玻璃面而误撞受伤。所以在与人眼高度相同的位置贴上让人注意玻璃的条形标志是很必要的。

对视觉残疾者来说，有比自己身高略低的突出物、障碍物的话，用自己的拐杖不容易探见。所以，在路面以上2.20m高度以内注意不要悬挂突出物、标牌等障碍物。

2.2.4 夹伤事故

夹伤事故如图2-7所示，生活中，有时会出现身体的全部或一部分被移动的物体夹住的情况，有时也有被很窄的缝隙卡住的时候。

被夹伤的事故 危险物接触事故

图2-7 夹伤、危险特性分类

有时在 150～200mm 的缝隙空间，经常出现幼儿卡在里面被困的情况。注意在设计上不要留有这样的缝隙空间，或者在缝隙空间外侧加上防护栏。

开门、关门有时也会有夹手的情况。如果是在敞开着的门合页一侧夹住手的话，经常会使手指受重伤。这样的事故多出现在婴幼儿或儿童身上。所以，需要做一些防止夹手的处理。

老年人或视觉障碍者往往动作缓慢，经常有被电梯门等挤住的情况。应将门的开合速度设计得缓慢一些，或者使用光电管感应装置等，以防止被挤夹的事故发生。

经常有轮椅被旋转式门夹住难以进出的情况。在设计旋转式出入口时，一定要在其旁边同时设置另外的出入口。有时轮椅在通过较窄的走廊过道时，经常有轮椅的侧边蹭到墙壁而被挤伤手指的事故。为防止这些事情的发生，需要将侧墙下边的踢脚板做厚一些，或加上防护栏杆等设施。

2.2.5　危险物接触事故

危险物接触事故如图 2-7 所示，当身体接触到很粗糙的墙壁或锐利的东西时很容易受伤。接触旋转着的机器、热水、火炉或者药品以及有毒气体等危险物时，有时甚至会造成生命危险，这对残疾人来说威胁会更大。

在容易触摸到的墙壁（地上 1.50m 以下的墙面）处理上，应用不容易蹭伤皮肤的材料。视觉障碍者往往通过手的触摸来感觉墙面的存在，所以最容易发生这方面的受伤事故。

在危险的机器周围应设置防护栏，并将它旁边的通道设计得宽一些。

婴幼儿、精神弱智儿、视觉障碍者等不容易察觉热水或火炉热等危险情况，最容易出现碰倒火炉上的水壶，以及弄错水温而烫伤的事故。

视觉障碍者在自己家中等熟知的地方可以比较安全地使用火炉，但需要考虑他们经常是通过手的触摸或声音来判断火的强弱等情况，因此，火候调节旋钮最好设计成"嘎哒，嘎哒"带响声的档级旋钮。

嗅觉减退的老年人等不容易发现煤气泄漏的情况，需要给他们设置漏气保险或漏气警报装置。

2.2.6　火灾事故

火灾事故如图 2-8 所示，在发生火灾等危险时刻，人们容易出现不安、恐惧、精神错乱等非正常情况，往往做出平时难以想像的判断和行动。这时老年人或残疾人会感到自己能力差，而出现放弃逃离，或无神状态，或者出现钻到洞孔状的地方或角落处等，采取不正确的行动。在危险时刻，如果当事者本人不积极地逃离现场，别人也就无能为力了，而错误的逃离行动就等于自杀。这一点正常人与残疾人都是一样的心理，一样的行动原则，因此应充分考虑对所有的人来进行安全的设计。

在众多的人群中发生恐慌时，由于其中有了残疾人，其危险程度、受害程度会有所扩大。在人群中，不管多么健壮的年轻人，如果有一位残疾人摔倒的话，其他的人也会在那个地方被绊倒而酿成大的惨剧。因此，在容易发生人群恐慌的地方，应该按照残疾人的标准制定安全措施。

发生火灾时的逃离措施　　　　　　　准确传达信息与确保避难通道畅通

图2-8　火灾中的行动特性分类

　　残疾人遇到灾难时，逃离速度迟缓，需要在材料的可燃性、防烟、灭火措施等方面多做努力，以便争取更多逃离现场的时间。

　　（1）准确传达信息　将正确的信息尽快地传达到位，可减轻灾害程度。

　　对于听觉障碍者来说，应该考虑安装听觉以外的警报装置。如通过光的闪烁或接触物（就寝时的枕头等）的振动等方式。

　　对于视觉障碍者来说，需要发挥听觉警报和其他诱导装置的作用。

　　对于幼儿、老年人、病人、精神弱智者来说，则需要考虑配置适当的看护人来解决警报和诱导避难。

　　（2）确保避难通道畅通　通往安全地带的通路越短越好。

　　无论在建筑物内的哪个位置，都要考虑双向逃离现场的问题。

　　垂直方向的避难，有很多不便，应注意只进行水平避难移动即可脱险的方法。

　　此外，注意有效地使用屋顶和阳台来避难。

防火门的自动关门装置，应考虑即使轮椅也可通过的方法。

电梯应设置非常情况下使用的电梯（救护用电梯）。

在避难途中设置的滑梯、救助袋，几乎对残疾人没有作用。

在避难途中，应考虑设置各种残疾人的诱导标志。

非常出入口，应注意设计成从内侧可以方便推开的形式。

2.3　无导向环境中的无障碍标志设置

无障碍设计是面向全社会的人类关怀设计。无障碍环境导向系统的设计具有规范性、系统性和普遍性的特征，设计诉求具有很强的针对性。城镇公共环境标识导向系统，简单地说就是在城镇公共环境中设置的具有视觉、听觉和触觉识别功能的标志体系。当你旅行在一座城市之中，你或许会因为陌生的环境而失去方向感，但是，只要有了指示导向标识的存在，你就一定不会迷路。"看标识辨方向"，标识导向系统已经成为城市公共环境中方便人们出行的无障碍设施的重要组成部分，在设计中必不可少。

2.3.1　无导向环境的概念

通常把人们活动的自然环境、建筑的内部和外部环境中无明确导向标志的场所称之为无导向环境。对这种环境的无障碍设计显得尤为重要。

如果在山上被大雾包围的话，就会失去前进的方向。那是因为自己不知道身在哪儿？想去的地方在哪儿？走哪条路为好？如果错走一步，甚至会有生命的危险。

在一座大的建筑里或者第一次进入的建筑，就好像有被困在山雾中的感觉。自己现在所在的地点是哪儿？自己想要去的目的地在哪儿？到达目的地所要经过的路线在哪儿？以及为避免出现错误自己应该怎样做？等等，对这些信息不做出交代，人们就不好行动。

诱导信息应该是对谁都可以理解的，如果可能的话，还要用视觉的、听觉的、触觉的手段重复地告知来访者。诱导信息如果不是像锁链一样地系统地让人们认知的话就会使人有一种不安心的感觉，或者使自己的行动出现错误。

2.3.2　导向标志设置

如图 2-9 所示，如果把握不了自己与周围环境的位置关系的话，现在自己在哪儿？目的地在哪儿就无法知道。如果有像地图或分布图、引导牌等指示，就可以详细地了解周围的状况，知道自己的行进目标。

示意图的设计要简单明了，就是小学生也应能看明白，文字要有凹凸且大，以便视觉障碍者触摸来把握其内容。为使轮椅使用者也容易看到，示意图不要设置得太高。

地名、车站名、房间号等，如果不采用大一些的文字或者标记性字体，就难以起到它们的作用，凹凸或者有点字显示的时候，要注意将其设置在手可以摸到的范围。内容、号码多的情况下，要统一形式或位置等，按照通行的规范来标记。

如果只有一条路可以到达目的地，则用箭头标出其方向即可。当途中有分岔，人们就需要选择。如果没有到达目的地的信息，到达目的地就会发生困难。如果是任何一条路都可以到达的话，对于初访者或残疾人来说，即使是稍微绕远一些，也应该指示一条方便行走的路。对幼儿、老年人等不易选择正确道路的人们来说，就需要有导向来引导。

道路的岔口或主要的地方应该连续地设置诱导标志。对于停车场，应按顺序标出车辆的入口导向标志→停车车位→出口导向标志等。对于建筑物，应标出入口（大门）导向图→电梯（或楼梯）位置→操作牌→各层标志→停止或升降提示→出口标志等。

主要目的地以外的诱导标志，比如，询问处、卫生间、电话亭、餐馆、避难出入口、火灾报警器等，需要将其设置在很容易看到的地方。

对身体残疾者不能通过的路，一定要有预先告知标志。

正常健康者
· 经验告诉我们，对第一次所到的地方不熟悉的，往往要根据在其他地方的经验来判断，来行动。但是，在复杂的地方还是容易发生判断错误。
· 连续地出现相同的形状、造型，会使人难以识别。
· 需要设置易辨认的路标等。
· 在黑暗中有时不容易辨认，需要有照明。
· 让外国人也容易辨认。

幼儿
· 生活经验很少，不容易做出正确判断。
· 对不常用的字或语言不容易看懂。
· 宜用有色彩的或容易辨认的图形(花或动物)来做标记。
· 兴趣变化快，调皮捣蛋东玩西跑不容易顺利地到达目的地。
· 喜欢做模仿行动，编成小组，由看护人诱导着行动效果较好。

老年人、视觉障碍者、拐杖使用者
· 不容易听到声音的诱导。因警笛警报不易听到，有时会出现生命危险。
· 用大声或醒目的文字告知为好。
· 不愿意向他人多打听，复杂的地方需要有导向人来诱导。
· 总有不放心的感觉，总想反复确认，因此，在每一个路口都需要设置诱导标志。

轮椅使用者
· 轮椅使用者的视点较低，过高或过低位置的小字不容易看到。
· 在轮椅不能通行的路段，要在路口设置预告标志。现实中轮椅不能通过的路段很多，因此应将可以通行的道路标记在导向图上告知大家。
· 轮椅可以使用的厕所，应标出其所在处。

视觉障碍
· 对全盲者来说，需要通过音声、脚感(地板的变化、点字砖等)、手感(扶手、浮雕文字、有凹凸的地图、点字盲文等)来导向。空间过大不便掌握，需分开标记为宜。
· 对弱视者来说，文字要大，明暗分明。对标记的东西要有照明。
· 色盲、色弱者对色彩的标记难以辨认。

地点所在处/这是哪里？

图 2-9　导向标志设置分类

2.3.3　危险标志设置

在不安全的环境中，通过预先的安全设计来避免不安全的因素。但是，如果避免不了的话，应告知大家危险的地方在哪儿，使大家不要靠近这些地方，避免发生危险，如图 2-10 所示。或者用提醒大家注意安全的做法来保障安全。如交通信号中禁止通行的"红色信号"和进入时要注意的"黄色信号"两种标志。在危险性较大而又需要大多数人避开时，只是立一个标志还远远不够，还必须添加防护栏杆。

此路可去的标志/此路能通吗?　　　　　　　　提醒危险所在的标志/危险?

图 2-10　危险标志分类

危险标志如没有被看见，或者被看错就容易发生生命危险，因此，必须是容易看到的和内容容易理解的标志。文字或设计的标志要大一些，用闪烁光或声音的形式重复传达；对于安全问题要特别加倍地提醒注意，特别是对视觉或听觉有障碍的人做出提醒是不能够缺少的。

虽然有危险时需要注意，但是，如果传达方法使人们惊慌失措，或陷入恐怖的话，有时会产生适得其反的效果，如图 2-11 所示。要特别注意火灾、地震等异常情况下的危险标志。

图 2-11　建筑中标志牌的运用

（a）建筑上的标志；（b）闪烁式诱导声装置灯：视觉障碍者和听觉障碍者均可获得诱导；

（c）视觉障碍儿童使用滑梯的台阶，标有凸凹字体的数字；

（d）触摸式站牌：视觉障碍者用手触摸，可以确认公共汽车站的大概位置。

此外，建筑物的分布或房间位置也可以使用这一方法；

（e）无障碍停车位；（f）残奥会场馆中带盲文的无障碍安全导向牌

张贴如图 2-12 所示这些标志，必须满足以下最低条件：

残疾人使用标志的大小应在 100mm 以上 450mm 以下为宜。色彩应有明显的对比，蓝色或黑色的底，使用白色的标志，或者其相反色调也可。

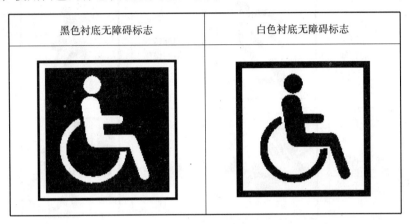

黑色衬底无障碍标志	白色衬底无障碍标志

（a）无障碍通用标志

用于指示的无障碍设施名称	标志牌的具体形式	用于指示的无障碍设施名称	标志牌的具体形式
低位电话		无障碍通道	
无障碍机动车停车位		无障碍电梯	
轮椅坡道		无障碍客房	

33

用于指示的无障碍设施名称	标志牌的具体形式	用于指示的无障碍设施名称	标志牌的具体形式
听觉障碍者使用的设施		肢体障碍者使用的设施	
供导盲犬使用的设施		无障碍厕所	
视觉障碍者使用的设施		—	—

（b）用于指示位置的无障碍设施标志

用于指示方向的无障碍设施标志牌的名称	用于指示方向的无障碍设施标志牌的具体形式
无障碍坡道指示标志	
人行横道指示标志	
人行地道指示标志	

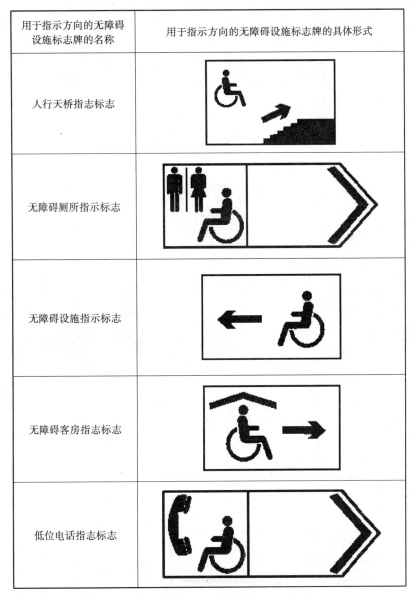

用于指示方向的无障碍设施标志牌的名称	用于指示方向的无障碍设施标志牌的具体形式
人行天桥指示标志	
无障碍厕所指示标志	
无障碍设施指示标志	
无障碍客房指示标志	
低位电话指示标志	

（c）用于指示方向的无障碍设施标志

图 2-12　无障碍标志实例

2.4　无障碍设计的基本事项

无障碍的建筑设计并不是那么简单。残疾人对建筑物使用的要求根据各自的障碍情况有很大的不同。有些设计对一些人有利，但是对另一些人却很不利。比如大人与小孩身体尺寸不同，而建筑的设计对两者同时都可以使用是比较困难的，使各式各样残疾的人都感到方便的东西是不多的。可是，对残疾人的要求认真地一项一项地去研究的话，会设计出对大多数残疾人使用方便的建筑物。

2.4.1 轮椅使用者

轮椅使用者不能说是占残疾人的大多数。但是轮椅使用者移动时要求具有更多的空间，因此，无障碍设计的基本数值是以轮椅使用者要求的数值为准，如图 2-13 所示，这个数值对其他残疾人可以说几乎都是有益的。

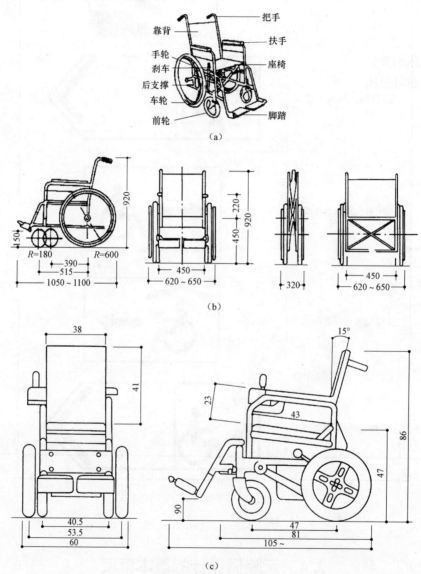

图 2-13 助行器类别及规格

(a) 轮椅各部位名称；(b) 轮椅各部位尺寸（单位：mm）；

(c) 电动轮椅各部位尺寸（单位：cm）

（1）轮椅 可自立的轮椅使用者使用的轮椅多为可折叠式的，以后轮推进式轮椅最为普及，扶手和靠背是可以折叠拆卸的。因此，这种形式的轮椅能否使用应成为建筑空间设计时的一个标准。

（2）轮椅与换乘所需空间，如图 2-14 所示，在确定轮椅的使用空间时，事先了解一下轮椅的换乘动作是很重要的。轮椅换乘的时候，一部分残疾人可以站在地面上进行，但是大多数残疾人如果没有护理人员帮助的话，是不能走动不能站立的。汽车的坐席、卫生间的便器座面、浴盆的台座面、床面等家具与轮椅的换乘，可采取从轮椅的前方、后面或旁边三种换乘方法。从前方换乘一般需要借助于有抓手的支撑物，边扭曲着身体边改换方向。如果轮椅的靠背可以取掉，或带拉链的话方可从后方换乘，但是，这是比较特殊的做法。对于重症者，多用手扶可动式轮椅，此时可以从旁边换乘。从旁边换乘是多数人换乘的方法，但是需要在坐席或床的旁边有停放轮椅的空间。比较理想的是坐席或床的两侧有停放轮椅的空间，从任何一边都可以换乘，护理人员操作起来也比较方便。

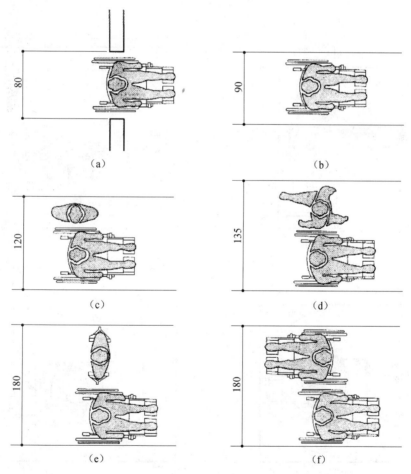

图 2-14　轮椅通行所需的空间（单位：cm）
（a）出入口等可通过的最小宽度；（b）一辆轮椅可通过的最小宽度；
（c）轮椅与横向通过的人可错位通过的最小宽度；（d）轮椅与行人通过的最小宽度；
（e）轮椅与拐杖使用者可错位通过；（f）两辆轮椅可错位通过的标准宽度

（3）轮椅的移动如图 2-15 所示，轮椅在平地上可以自由地移动，但当遇到如下情况时就会发生困难，如有高低差时行走非常困难，在斜度较大的陡坡上行走也非常吃力，路面有凸凹，或者铺设有大粒石子时造成行进困难。路边的沟渠会使轮子陷进去难以自拔，宽度狭窄的出入口或走廊也可能发生通行障碍，轮椅扭转方向也需要有一定的空间。此外，移动时两手需要一起运动，雨天也不能够打伞而造成外出困难。

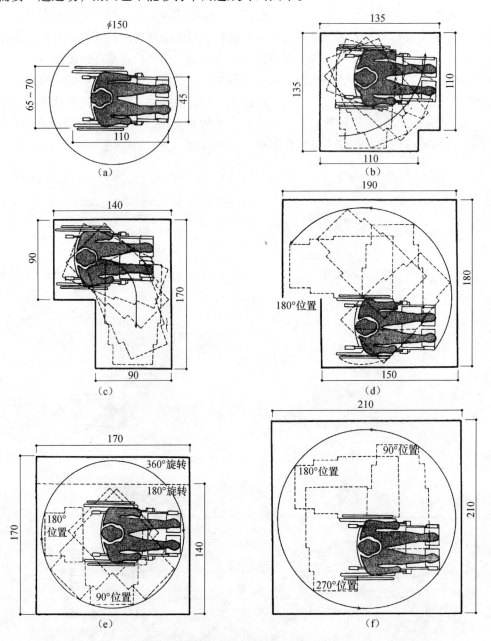

图 2-15　轮椅转身所需空间（单位：cm）
（a）转身所需要的最小尺寸；（b）90 度方向转身所需要的最小尺寸；（c）90 度角通过所需要的最小尺寸；
（d）180 度方向转身所需要的最小尺寸；（e）轮椅为中心 180 度、360 度转身所需要的最小尺寸；
（f）以单面车轮为中心 360 度转身所需要的最小尺寸

（4）轮椅使用者伸手可及的范围，如图 2-16 所示，轮椅使用者伸手可及的范围很小。因此，控制开关或机械装置、生活必需品都应该安置在手可以够得到的地方。

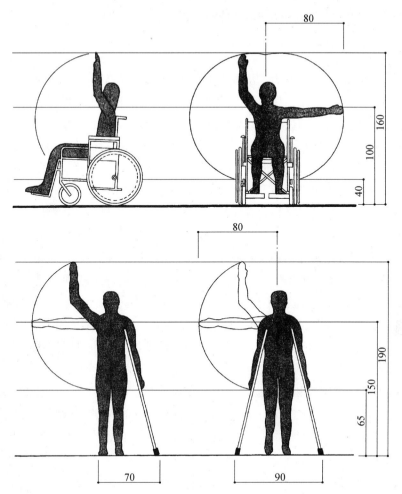

图 2-16　拐杖使用者、轮椅使用者的高度关系基本尺寸（单位：cm）

拐杖使用者、轮椅使用者的高度关系基本单位：拐杖使用者、轮椅使用者的尺寸，根据各个人的
身体尺寸和轮椅尺寸的不同而各不相同，这里作为设计上的参考尺寸提出各种基准的基础数值

2.4.2　步行困难者

步行困难者为行走困难，或者行走时容易发生危险的人。因此要使用拐杖、平衡器、连接装置或者其他的辅助装置等。步行困难者包括有多数的老年人、正在康复的伤者或带假肢者等。他们弯腰、屈腿有困难，改变其站立或者座位的位置都很不容易。

扶手、控制开关、家具、电冰箱、厨房器具等的设计为站立者可及的范围内为宜。站立步行困难者的最低可及范围与轮椅使用者可及范围为同等程度即可。对轮椅使用者来说坡道是必不可少的，但对步行困难者来说台阶有时可能更容易一些。

2.4.3　上肢残疾者

上肢残疾者是指一只手或者两只手以及手臂功能有障碍的人。他们拿取东西的动作不能顺利进行，门把手的形状不合适他们，对细微调节的设备不好操作，高处的东西不好取，普通的桌子对假肢手的人来说一般过高，等等。

2.4.4 视觉障碍者

视觉残疾者具有很好的记忆力，给视觉障碍者领一次路以后，有的人就可以凭借记忆按所带的路找到要去的地方。但是，如果横穿公共空间，反复地转换方向的话，有时就会使他们发生定位困难。建筑物的总平面设计应以简单的直交系统构成为宜。大的空间、家具或地面铺设材料等以少做分割为宜。在很窄的走廊或通道上，有很多人通过或放置很多物品，就会使视觉障碍者发生碰撞，或出现方向搞乱而无法行动的状况。传达室、电梯、楼梯等是建筑使用上的重要空间，也是使用频率很高的地方。这些地方应该设置在建筑的中心位置，或经常使用部分的附近，并且是比较容易被看见的地方。为了从稍远处也可以辨认，在照明和色彩上也应注意考虑。另外，为了避免在出入口发生相撞的情况，将"入口"、"出口"分开，物品的搬出搬入和工作人员专用出入口等不同的功能进行分离。路线设计上的推敲也是很重要的，不要在步行通道上放置阻碍通道的障碍物。临时放置的小汽车、自行车、招牌、凳子、玩具等比起那些搁置已久的东西更具有危险性；柱子、墙壁上不必要的突出物和地面的急剧变化（地面的坑或没有盖子的沟）是危险的，应予避免。但是，手感、脚感的变化对确认方位是有效的，扶手的诱导作用是最有效果的，声音、气味、温度的变化也可以运用于导向。比如，门的开关声、鸟叫声、咖啡店的咖啡香味、太阳的直射等都可以用来判断方位。使用拐杖可以发现前方或附近有无障碍物和对象物，可以避免碰撞在上面。但是，拐杖也只能发现腰部以下的距离身边很近的对象，上面吊着的东西，或从旁边突出来的东西是很难发现的。

弱视者或视野较窄的人中，不持拐杖行走的人很多，在光线暗处或逆光下会有一定的危险，难以确认台阶的踏步，或容易撞在透明的玻璃上。明亮度、色彩度鲜明一些的话就比较容易区别，字大一些也容易看清。

2.4.5 听觉障碍者

完全的听觉缺陷者为数很少。噪声环境包围着的情况除外，大多数听觉障碍者利用辅助手段都可以听见。此外，用哑语或文字等手段是可以进行信息传递的。但是，在发生灾害时，信息就难以传达。警报器不能使用。点灭式的视觉信号是有效的，但是在睡眠时则无效，而此时枕头振动装置却较为有效。护理人员的引导也是必要的。门铃或电话在设置听觉信号的同时也需要有视觉性的信号。近来已开发出适合弱听觉者用的带扩声器的电话。

2.4.6 老年人

以什么为标准来定义老年人是有争议的。按照中国通用标准，将年满60周岁及以上的人称为老年人。从体力、视觉、听觉、平衡感觉、中枢神经等所有的功能衰退的情况来看，65岁以上的老年人的功能不到成年人的一半。他们难以跟上速度快的东西，做事或行走途中需要休息，需要缓慢的行动。身体变得僵硬，手摸不到高处的物品。骨质变脆，摔倒后容易骨折，且难于治愈。老年人的大多数属于身心残疾者，在身心残疾者中大约六成是老年人，其中大多数为重症残疾者。为此我国也提出了一些对老年人建设无障碍设施的规定。

（1）为适应我国人口年龄结构老年化趋势，使今后建造的老年人居住建筑在符合适用、安全、卫生、经济、环保等要求的同时，满足老年人生理和心理两方面的特殊居住要求，在考虑无障碍设计时，除了按照《老年人（老年公寓）建筑设计规范》（JGJ 122—99）进行以外，在城镇新建、扩建和改建的专供老年人使用的居住建筑及公共建筑设计时应严格执行《老年人居住建筑设计标准》（GB/T 50340—2003）。

（2）老年人居住建筑的设计应适应我国养老模式要求，在保证老年人使用方便的原则下，体现对老年人健康状况和自理能力的适应性，并具有逐步提高老年人居住质量及护理水平的前瞻性。

（3）老年人的无障碍居住建筑设计，包括老年人住宅，老年人公寓及养老院、护理院、托老所等相关建筑设施的设计。

2.4.7　无障碍设计中残疾人的参考尺度

在无障碍设计中，残疾人的各种长度参数是十分重要的设计依据，不同的残疾类型所使用的无障碍设施的尺寸参数也是不一样的。残疾人的基本尺度参数和特征是设计的基本注意事项之一，在设计时要重点把握。

（1）正面宽

健全人	残疾人	
平均肩宽 45cm　行进宽幅 50cm	乘轮椅者幅宽 60cm　　行进宽幅 70cm	
	拄双拐幅宽 90cm　　行进宽幅 120cm	
	盲杖行进宽幅 90cm	

（2）侧面宽

健全人	残疾人
平均侧面宽 30cm	乘轮椅者侧面宽 110～120cm
	拄双拐侧面宽 60～70cm
	盲杖侧面宽 60～70cm

（3）眼高

健全人	残疾人
平均眼高 160cm	乘轮椅者眼高 110cm
	拄双拐眼高 150cm

（4）旋转 180°

健全人	残疾人
60cm×60cm 面积空间	乘轮椅者需 150cm 圆的面积空间
	拄双拐需 120cm 圆的面积空间
	盲杖需 150cm 圆的面积空间

（5）水平移动

健全人	残疾人
平均速度为 1.0m/s	乘轮椅者平均速度为 1.5～2.0m/s
	拄双拐 0.7～1.0m/s
	盲杖 0.7～1.0m/s

（6）垂直移动

健全人	残疾人
跨越 15～20cm 高的台阶没有困难	乘轮椅者跨越地面高差应控制在 20mm 以下，并用斜面进行连接。修建坡道。楼层间垂直移动依靠电梯。
	拄双拐：台阶高度不宜超过 12cm
	盲杖：修建坡道。楼层间垂直移动依靠电梯。

（7）手的范围

健全人	残疾人
手触摸 150～200cm 的高度没有困难	乘轮椅者：手的触及高度侧面为 125～135cm；正面为 115～120cm。触及范围 60cm 以内。
	拄双拐
	盲杖

（8）健全人与残疾人的尺度比较

类别	身高（cm）	正面宽（cm）	侧面宽（cm）	眼高（cm）	水平移动（m/s）	旋转180°（cm）	垂直移动台阶（cm）
健全成人	170	45	30	160	1	60×60	15～20
乘轮椅人	120	65～70	110～120	110	1.5～2.0	150	2
拄双杖人	160	90～120	60～70	150	0.7～1.0	120	10～15
拄盲杖人	—	60～100	70～90	—	0.7～1.0	150	15～20

思考题

1. 残疾人的标准及分类是如何划分的？
2. 举例说明道路的岔口或主要的地方应如何连续地设置诱导标志？
3. 对于轮椅使用者无障碍设计的基本数值以什么为准？
4. 你在日常生活中所看到的无障碍设施有哪些？

第3章　无障碍设施规划与建筑设计

本章将涉及残疾人、老年人和一切行动不便的人们所使用环境的规划和设计，包括各类新建、扩建和改建的城市道路、广场和绿地、公共建筑、房屋建筑和居住小区、旅游景点等的规划与设计，并在方法和步骤上提供一些参考思路。

3.1　宏观规划和设计的原则

建设环境的规划和设计应考虑包括一定范围的残疾人的需要，不应因某人由于某种形式或程度的残疾而被剥夺参与和利用建设环境的权利，或不能与他人平等参与社会活动。为达到这个目标，必须遵循以下基本的指导原则。

应能到达建设环境的所有地方；

应能进入建设环境内的所有地方；

应能使用建设环境内的所有设施；

应在到达、进入、使用建设环境所有设施时并不感到是被怜悯的对象。

这些基本指导原则应该为在环境规划和设计中考虑的总体需求而服务，这些要求可以简化成以下几点：

（1）可接近性

建设环境应设计成对所有人包括残疾人和老年人都可接近。

（2）可接近或易接近

就是说残疾人在没有助手的情况下可毫无阻碍地接近、出入、通过并使用一个区域以及其中的设施。在建设环境的规划与设计中，对这些基本要求的永久性参考资料有助于保障最大限度地创建一个可接近环境的可能性。

（3）可到达性

建设环境应采用有关条款，以便使所有的人包括那些残疾人和老年人到达尽可能多的地方和建筑物。

（4）可用性

建设环境应设计成使所有的人，包括残疾人和老年人都能使用和享受。

（5）安全性

建设环境应设计成使所有的人，包括残疾人和老年人能到处走动而不致影响生命安全和健康。

（6）可工作性

人们工作的建设环境应设计成允许人们包括残疾人能全面参与并贡献其劳动力的场所。

（7）非障碍或无障碍

残疾人能不受妨碍地在无障碍物的情况下，在建设环境中自由来去并随意使用其中设施。

在高龄住宅（或老年公寓）无障碍通用设计时，还应注意以下原则：

（1）广泛使用：任何人都能公平使用的设计。

（2）弹性使用：使用上能够弹性对应的高自由度设计。

（3）简单与直觉式的使用：凭直觉就能迅速使用的简单设计。

（4）易察觉的资讯传达：提供容易识别的必须资讯的设计。

（5）容许误差：即使操作错误也不会产生危险，同时采取避免引起错误操作的设计。

（6）使用轻便：避免采取不合理的姿势，采取对于身体造成很少负担的设计。

3.2 残疾群体的特征与设计

3.2.1 损伤、残疾和障碍的定义

研究各类残疾人行为能力的区别，是无障碍设计的基础和条件。1980 年，世界健康组织采纳了国际性划分"损伤"、"残疾"和"障碍"等概念。这三者间有着清晰的区别，以往，这些概念的术语定义反映的是医学或诊断结果，而新的定义则有了更精确的内涵。

那些视觉、听觉及语言能力受到伤害的人们和那些运动受限制或所谓"医疗残疾"的人们会遇到各种各样的障碍。从这种统一的多样性来看，划分这三个普遍概念是非常有用的。

（1）损伤是指心理上、生理上或解剖生理学结构或功能的一些损失或变态。损伤可能是暂时的，也可能是永远的，包括生活中或异常事件中身体四肢、组织或其他部位的伤害或损失，也包括神经功能系统。

（2）残疾是指在正常范围内一个正常人的活动能力因损伤而导致的一些限制或丧失。残疾可以是暂时的，也可以是永久的，可恢复或不可恢复，可以好转或可以恶化。

（3）障碍是由损伤或残疾引起，因而限制了他们像正常人一样完成某种动作的功能。因此，残疾人在其生活环境中会出现行动障碍，如图 3-1 所示，这里所述的障碍就是指在所建设的环境中，文化、生理或社会等因素对残疾人"运动性能"形成的阻碍。

3.2.2 不同残疾群体的可接近要求

为了能创建全面的可接近环境，了解不同的残疾群体可接近性的要求非常重要。作为建设环境设计的目标，通常有四类残疾人：

（1）矫形类：非救助与救助的（轮椅使用者）；

（2）感官类：视、听；

（3）认知类：精神、发育、学习；

（4）综合类：以上类别的组合。

上述四种类型的基本特征如下：

（a）　　　　　　　　　　　　　　　　（b）

图 3-1　对残疾人形成的阻碍

（a）高出的路缘石是常见障碍；（b）乘公交带来的障碍

（1）矫形类

经矫形的残疾人通常是指那些由事故造成躯体、上肢、下肢或均受到损伤的人。经矫形的残疾人可分为以下两类：

①非救助是指那些使用或不使用他人帮助走动和那些使用或不使用助力设施如拐杖、棍子、手杖或行走架等自行走动的残疾人。

②使用轮椅的人们自身无法走动，除了使用动力交通设施或依靠轮椅来行动，使用或不使用他人帮助均无法走动，他们可以独立地自我推进或需要他人来推动和搬动。由于无法走动，这类人中的多数人能通过轮椅完成"行走"。这类人需要平坦的道路、坡道、电梯、栏杆扶手、抓杆、稍大的卫生间隔间、清晰的标记、足够宽的走道、门、入口、前厅和走廊。这些设施的设置能保障轮椅使用者顺利进入建筑物及外界环境。

（2）感官类

感官类残疾人是指那些由于视、听受到损伤，结果导致建设环境的使用受限或不便，这种情况有以下两类：

①视觉受伤或盲人，这些人只能依靠听觉、触觉和味觉来判断，因而在其周围环境中必须加入某方面的声音、质感和气味等来帮助他们。

②听觉受损伤的人只有依靠他们的视觉和触觉，并需要把适当标记、色彩、质地加入到建设环境中来，帮助他们在其周围环境中运动。

（3）认知类

认知类残疾人通常是指那些精神上、心理上或大脑有病的人，发育、学习存在障碍的人。为帮助他们使用其周围环境，建设环境应加入视觉、触觉及声音、信号、色彩、质地等综合使用的设施。

（4）综合类

此类残疾人通常是那些矫形、感官或识别等能力丧失的混合形的残疾人。因而，建设环境必须考虑加入集视觉的、触觉的、嗅觉的组合设施，用以帮助他们使用其周围环境。

3.2.3 不同残疾群体的特殊要求

在无障碍环境的规划与设计中，为以上各类残疾人提供无障碍设施是最根本的。弄清和了解造成残疾人和老年人行动障碍的原因，掌握他们的特殊要求，也是创造建筑环境的重要因素。尤其在系统性设计、空间要求、各组件的使用及组成部分之间的关系、设计建议的可操作性等方面，特别需要评价其是否能够满足不同残疾群体的不同要求。

（1）行动损伤人员

在这种情况下，轮椅的使用是主要的，独立的轮椅使用者需要适当的活动空间；而需要助手的轮椅活动则需要更长、更宽而且更大的转动空间。所以，建设环境应考虑安排独立和辅助轮椅的两种情况。手推椅和室内电动轮椅、室外电动轮椅通常比标准的手动轮椅多占用10%～15%的操作空间。非救助残疾人和感觉或认知性残疾人所需空间不会超出电动轮椅所需的空间。

（2）视觉损伤人员

盲人以及那些有不同程度的视残者统称为视觉损伤人员。建议在为他们设计无障碍环境时应注意：

①便道上的立缘石：人行道上立缘石和边缘障碍物对于有部分视力残疾的人来说是很有用的提示，哪里出现障碍物，哪里就应使用特殊质地的筑路材料来表现。

②台阶和坡道：扶手应使用明亮的颜色，与周围形成鲜明对比，而且应超出台阶或坡道顶部和底部至少500～600mm，以便盲人在遇到麻烦之前就能有机会感觉到。台阶应有明亮的对比突沿，并应防滑，起警示作用的触觉材料也应使用在台阶和坡道的上端和下端。

③走道：作为路标应加入可视标记和触觉线索，如瓷砖等。最好使用不同颜色和材质来清晰表明道路的边缘，有可能的话，也可使用植物来强调走道的边缘，但必须考虑植物的选择与摆放，以避免人们被绊倒。建筑物前，最好避免出现大片的无特征铺筑的场地，因为这会给视力残疾人寻找入口带来麻烦。铺路的形式应认真考虑引导人们的路线区或入口。在90°交叉的人行道上应该避免彩色条饰，因为这会使视力伤残人员很容易把它混淆为台阶。

④灾害：向外开启的门窗都很危险，一个解决办法就是将外开门放进门廊，街道设施、树木、灯杆、灭火装置、废物箱、花盆、座椅及其他东西应设置在道路的一侧。其中的一些可以同路面材质的变化组合在一起，用来作为提示。颜色对比的使用非常有助于视力伤残人员，尤其是路标或灯杆。对比度强的条纹应标在灯杆上的水平视线位置，悬挂的警示或信号应设置在2m以上的位置。低障碍物应放置于临时道路周围以便人们通过拐杖可以发现危险。

⑤触摸物体：触觉对视力伤残人员是至关重要的。日常生活中，对于区分物体来说，最重要的是形状、质地和尺寸。

⑥标记：应该用对比较强的颜色，使用凸起的字母和字符以便盲人可以感觉到信号。如可能的话，最好采用世界上通用的信号和颜色，即绿色表示安全，黄色或淡黄色表示警示，红色表示危险。颜色标记应在建筑物中全面使用，并且在每个方向改变处的高度和按一定规格适当使用。标记在墙上标出时应设在水平视线位置；一个悬挂标记应挂于地面上 2m 至 2.4m 处。

⑦树篱和树木：植物应加以修剪，防止其侵入街道；伸出在人行道的低矮植物应移走，人行路上的低树权很易造成伤害，如图 3-2 所示。

图 3-2　人行道上的低树权很易造成危险

⑧门：用颜色把四周的墙面和门区分开是非常有用的。门、门框以及门把手的色彩要有区别，玻璃门上必须在水平视线位置粘贴带有色彩条纹或花边，以免弱视力的人进出门时撞上。

⑨走廊和通道：所有器械及固定物都应放在隐蔽的地方，保证走廊和通道畅通。

⑩电梯：停靠时应有通过触觉能了解达到层数的装置，电梯内的按钮应标明起升层数（在控制钮上）。电梯上的声音合成器可以给视力伤残人员带来重要的信息，诸如：门开或关，电梯上或下，电梯达到层数等。

⑪对设计人员的几点提醒：

● 采用盲道或盲文引导板并设置于公共设施内，包括火车站、购物中心和公共汽车总站，如图 3-3 ~ 图 3-6 所示。

● 窗户上强烈刺目的光应通过网帘、阳光反射玻璃、遮阳板等设施来减少。

● 窗户不应设置在使走廊和通行地带形成侧影的地方，除非用其他可行的办法来减小眩光。

图 3-3　凸点导向砖引导盲人至候车站台

图 3-4　盲道导向砖引导盲人至地铁站

图 3-5　盲道引导盲人乘高铁

图 3-6　盲道引导盲人进入购物中心

- 色彩、材质的变化可以用来提醒不同楼层及指示门把手、灯按钮及其他固定装置。
- 绿色和蓝色很难区分（例如：绿毯和蓝墙对于一个残视人员来说是一体的，应该避免），在这方面，使用红色很少会出现麻烦。
- 应使用各种手段进行方向提示。墙上的彩条、卫生间瓷砖区域中的一条对比强烈的彩线，都能帮助视残人员发现墙面。

（3）听力伤残人员

①电梯：电梯内设置紧急救援按钮是很重要的，而且还应有反馈灯与之相连，这可以从视听两方面给人们提供信息，有人在电梯中遇到麻烦了，有人正在处理故障等。

②火灾疏散：最重要的问题是大家都知道听力伤残人员比正常人反应慢得多，在疏散通道中应设计触感装置，如导向块材、导向扶手等。

③视觉标记：这些标记必须清晰且准确，不带有警报的闪光灯会使人糊涂（即火灾出口闪光标记最好是一个红灯，这可以很快地传递信息）。在紧急情况下，公用建筑的出口闪亮标记比永久性点亮的出口指示标记要好些。这些灯只有在紧急情况下才闪亮。公共建筑的业主应经常维护所有设施内的标记，包括购物和娱乐区。火车和汽车上应安装电子或闪烁信

息灯，用以指示车站名称，以使聋哑人员独立使用公共交通。

④助听装置：无论在哪里（剧场、旅馆大厅、休息室、会议室、接待室、法院、剧院、培训地点、图书室和收款台等），可能的话，都应安装闭路感应系统。然而，助听装置也会产生其他问题，如相邻人家带着助听装置可以听到其他房间里的对话。

⑤背景噪声：减小室内外的背景噪音非常重要。如，机械通风系统或荧光灯可产生电磁的嘤嘤声，这些问题应由机械工程师或电子工程师来解决。

⑥音响效果（声学）：注意在所有建筑物内部提供良好的音响条件。应使用吸声的表面材料来减小回声，这种回声会严重影响听力伤残人员的听觉。

3.3　规划与设计建议

残疾人全面参与社会、工作、生活的条件正广泛得到改善。不同类型的残疾群体可作为参观访问者、住户或职员进入和使用公共及私人建筑。他们可能是单独的，也可以有人陪伴。无论是哪种情况，任何建筑环境规划和设计都应提供一个无障碍固定设施系统，以使所有职员、住户和来访者安全、舒适地生活、工作。

根据不同类型的残疾，需要对许多不同规划和设计进行考虑。以下是总的建议，详见本书附录 1 和附录 2。

3.3.1　总体要求

所有建筑中在较理想的位置应提供各类人进入的合理方法，不管他们有什么样的特殊要求，这种合理方法也应用于该场地的周边或建筑物主出入口的停车场。接近的目的应该使手动轮椅在通过建筑物的过程中有足够的空间方便地从一层楼到另一层楼，一个可进入的环境还应为那些耳聋或视残人员提供方便，使其可在建筑物周围找到自己的路并使用建筑物内的各类设施。

3.3.2　公共交通

（1）公路交通

公共汽车、电车、出租汽车、小公共汽车和三轮车应尽可能设计有可以安排残疾人乘坐的设施。新购置的车辆应满足方便残疾人的要求，以使所有的人，包括那些使用轮椅的人得到所提供的服务。同等重要的还有，到达汽车站的路线应是无障碍的，以使残疾人能从他们的家到达上车地点。

（2）铁路交通

无论是地上还是地下，铁路是一种高效的交通方式。火车应具备完善的可入车厢；所有的站台在可能的地方，应具有残疾人可进出的特殊通道。工作人员应帮助残疾人员方便地出入大门。所有新型火车站都应具备完备的无障碍设施如图 3-7 所示，即为站内的升降梯可使轮椅使用者顺利到达自己想去的站台。凡在初始施工阶段未严格考虑完整的无障碍要求时，在后期施工中则必须设计出实现无障碍的全部环境。

图 3-7　火车站的升降梯可使轮椅使用者自己到达站台

（3）水上交通

各种形式的水上交通对那些残疾人和病人来说，都应实现可到达，码头渡船应安装可达坡道。在船舱的空间里，应在一侧设有安全的轮椅位置，以便使那些残疾人同其他乘客自如地相容。码头也应具备无障碍，并有方便的上船和登陆手续，以上这些在规划和设计时应预先考虑。

（4）空中交通

所有国内的短途飞机应该至少有一位轮椅乘客的空间。所有国家及国际机场应具备完善的无障碍设施，飞机上可使用的卫生间设施应给予特别的注意。在机场航站楼、候机厅等处，应设水平行走扶梯和垂直升降梯，以方便残疾人和其他乘客行走、移动，如图 3-8、图 3-9 所示。

图 3-8　机场航站楼的水平行走扶梯

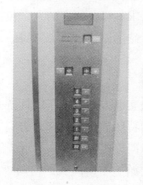

图 3-9　机场航站楼的无障碍垂直电梯

3.3.3　外部环境

公共场所，诸如广场、公园、花园、动物园和旅游景点，应充分考虑病残人通行的无障碍，如图 3-10 所示为有盲道砖和坡道的无障碍十字路口。停车设施、人行道上的障碍物、街道固定设备、路面、人行横道、地面高差、坡道、台阶、植物及景色的变化、标记、信号护栅和覆盖物均需仔细考虑。

图 3-10　有盲砖和坡道的无障碍十字路口

3.3.4　公共建筑

所有的公共建筑物，如商场、工厂、学校、大学、宾馆、饭店、酒吧、电影院和剧场等，均应有易接近的出入口。水平和竖直的循环系统及所有建筑物内的设施都应该是残疾人可以接近和利用的。无论在哪里，如有可能，应介绍一个可行的服务窗口，以提供更好的帮助。

3.3.5　住宅

由于我国有众多的残疾人，同时老龄化的高峰即将到来，所以，无障碍住宅建筑的兴起势在必行，住宅的设计和房产开发部门必须面对这一现实，及早调整建房类型，适量开发无障碍住宅和居住小区。此外，我国的住宅建筑是以多户型住宅的建筑群体为主，基于残疾人不愿与健全人分开居住的心理及老年人愿以家庭养老为主的心态，宜在多层和高层住宅楼内修建无障碍住宅。这里所说的残疾人是指挂拐杖和乘轮椅的肢体残疾人及视力残疾人。在多层住宅建筑中的残疾人套房宜设在底层，以解决他们垂直交通的困难，其中乘轮椅的残疾人套房则必须设在底层；老年人的居住套房则应设在三层以下。设有电梯的高层住宅建筑中，残疾人、老年人套房的层数可不严格规定。建筑入口处应修建轮椅通行坡道，门厅及通道应通畅明亮，楼梯要方便残疾人使用，楼梯的形式、坡度、宽度要适宜，不能太陡和太窄，楼梯两侧都要设扶手。电梯要便于乘轮椅者及视残者使用。公用设施的垃圾道、公共通道的照明、消防柜、奶箱、信报箱等的位置和高度特别要为残疾人的使用提供便利。

在住宅设计中，必须仔细考虑进入建筑物及在其中活动的情况。应注意选取固定设备的高度及外形尺寸，使之适合住户的需要。建造适应残疾人住房的理念应进一步强化，尤其是由政府住房贷款资助的住宅及公共住宅、经济适用房和政府保障性住宅在无障碍设计方面更要引起高度重视。如图 3-11 所示为房屋中的楼梯障碍必须坚决消除。

3.3.6 信息技术

应在盲人、聋哑人和家庭残疾人中鼓励使用现代技术，在家庭中促进沟通。通过提供新的可能措施鼓励他们与他人的沟通，这会极大地提高残疾人的自尊及技能水平，提高残疾人的自我依赖性和独立活动性，以此进一步促进社会发展。

电话上应设置带有较大数码和声控的按键。有些电话带有播放信息的视频装置。各种类型的导入闭路系统，使得那些听力伤残人员能够听到公共演讲，参与讨论。视、听警报和呼叫系统可用在建筑物的内外。电子计算机可作为残疾人的助手，为残疾人提供更多的就业机会。

图 3-11　房屋中的楼梯障碍

3.3.7 乡镇无障碍环境建设前景

亚太地区的多数人居住在乡镇，21 世纪乡镇快速城市化的趋势不可阻挡。乡镇人口将以一个绝对的数字更高速的增长，随着死亡率和发病率的降低、文化普及率的提高和生活水平的逐步改善，这使得人们对无障碍环境的渴望越来越强烈。

城市建设环境包括用于教育培训、就业和自我就业的现代公共设施，也包括娱乐设施。与其对照，乡镇建设环境包括水塔与水井、乡村诊所、小学校、公共卫生间和水箱、乡村集市、农业发展中心和乡村或区域的管理机构，这些设施对于乡镇地区人们的生活来说有很大作用。残疾人和老年人对这些设施的可达性和使用范围的扩展决定了他们的乡镇生活是否方便。

在一些乡镇，残疾人和老年人面临的情况是：基本没有可使用的无障碍设施，即便是已建成的新村，无障碍设施也寥寥无几。因此，今后在规划和建设新的乡镇时，可根据当地的实际条件，参照城市无障碍设施的规划和设计规范进行建设。

乡镇的规划和设计应考虑选择并使用当地提供的材料。当前，在考虑农村建设环境时，亟须对无障碍设计所使用的相应技术进行应用研究与试验。

政府，尤其是地方政府，有责任在乡镇公众中提高对无障碍环境问题的认识。特别对于偏远地区，那里缺乏非政府组织的帮助和支持，公众也很难接近传播媒介。同城市相比，在强化无障碍法规和政策条款方面，乡镇地区对公共意识活动的需求是关键问题。应采取措施改善乡镇居民公共意识，包括对乡（镇）、村级干部的动员，并让他们通过民间或传统媒介对相关信息进行传播。

3.4　特殊考虑

3.4.1　残疾儿童

残疾儿童的需求通常未在无障碍设计中考虑。残疾儿童像其他儿童一样需要鼓励和关怀，需要参加教育、娱乐及从指导性实践中获取全面的经验。

对于残疾儿童，在规划和设计中应提供、改善或安排适合于他们的无障碍环境，以使残疾儿童有机会在尽可能多的活动中同健康儿童一起参与。

在为残疾儿童提供无障碍环境时应考虑以下因素：

（1）孩子家庭；

（2）交通；

（3）室内外活动；

（4）通讯；

（5）学校；

（6）儿童经常光顾的公共场所，包括图书馆和娱乐、购物场所。

3.4.2　防火安全

努力使残疾人融入社会主流是对加速社会文明进步的一个新的挑战。因此，尤其在防火项目中应充分考虑残疾人的各种安全，提高相应的设计标准。

（1）火灾

除非房间有特殊的易燃物，火灾在初始阶段扩展缓慢。当火势增强时，有毒气体就会释放出来；火焰很快升至屋顶并向门口走道延伸，如果屋内有较多的材料，火势将会发展迅速，并伴随火光和浓烟吞没整个房屋或大楼。

当火情很小时，通常比较容易扑灭，但燃起的大火则很难被未受过专门训练的人扑灭，而且试图扑灭这样的大火非常危险，并且会浪费脱身的时间。

（2）紧急火灾安全

①总则

- 安全对每个人都很重要；
- 残疾人应保护自己；
- 残疾人也应接受防火安全培训。

②设计单元和安全措施

防火安全规范中最基本的就是建筑的安全设计。防火安全设计单元有三个目标：

- 火灾探测；
- 火灾发生时把人群分流，或者迅速疏散，离开建筑物；或者在建筑物内提供一个安全避难场所等待救援；
- 控制或扑灭火焰。

在许多情况下，残疾人不需要特殊的设计。然而，防火安全教育是必要的防范手段，在紧急火灾情况下，正常人有可能就变成了残疾人。每个人在火灾情况下的能力都会受影响，浓烟和毒气能造成视线模糊，警报和铃声会伤害听觉并引起恐慌，因而也就限制了每个人的判断力。

理想状态是每个人能够在紧急情况下知道和有能力进行自我防范。这通常同建设环境有关。例如，闪光灯可以连续闪动并附带警报系统来提醒听力伤残人员；对于视力伤残人员，可设置触觉路线图以指导逃离路线。高耸建筑须设立特殊防火梯以利外部火灾救援人员使用。而在那些经常有运动力损伤人员出入的建筑，应该与防火部门达成特殊协议，即能让这些人在紧急情况下进入特殊电梯。火灾时只要事先有已建成的避难场所并有清晰标识就可以了。

（3）报警系统

警报信号，如闪光灯、振动器或各种快速扇，可以提醒聋哑人或又聋又盲的残疾人。紧急出口灯和导向信号应安置在大门附近，这会在出现很多烟的情况下起引导的作用。中央控制中心预先录制的信息和广播对残疾人是很有益的。

（4）加强报警

特殊装置，即火警盒、紧急报警按钮和闪光板对聋哑人或盲人是很有帮助的，聋哑人的通讯装置（TDD）是操作性很强的报警装置，防火部门安装录音电话对准确记录火情有很大帮助。

（5）避难所

通过楼梯和（或）电梯快速离开建筑物是残疾人从建筑物内到达安全地区的主要方式。可能的话，他们会留在那里，直至火势被控制并扑灭，或等待消防员营救。建筑提供的避难场所，通常是在防火梯停靠的每个楼层上，那里可安全地放置一至两个轮椅。

3.4.3 适应性住宅

适应性住宅是指建筑物内部分隔灵活的、普通外观的房屋，这些房屋的特点是可以调整、增加或移动以适应居住。残疾人、老年人和常人均可使用。房子可以是任何形状和尺寸，整体建造，引人注目，可普遍使用。

适应性住宅为残疾人提供了更广泛的参与社会活动的可能。政府和私人开发商已经意识到开发这种整体建造的"适应性住宅"，前景十分广阔。在设计和使用中，适应性住宅单元能够调整或修改而不用重建或改变结构，因为基本的无障碍特征已成为这种单元的组成部分，并通过所设置的相关设施提高其综合利用的水平。

非结构的适应性改变应包括框架内辅助设施的改变，如卫生间的大小、家具的位置、床位的摆放、洗涤台的高度等，将壁柜移走以使厨房和浴室的池盆下能容纳膝盖，并在墙上需要的地方安置扶手。这些简单的改造，居民自己就可以完成。

许多老年人不希望被安置在特殊房屋内，但他们确实需要别人帮助。适应性住宅看起来并不特殊，这种自然环境会使许多老年人更乐意呆在家中。适应性住宅不断增长的需求为房屋产品的制造商创造了更多的新机会，并为房地产行业开创了新天地。

残疾人员通常需要得到与非残疾配偶及其他家庭成员的帮助，并渴望生活在一起。因此，在适应性住宅设计中，还要考虑残疾人员和非残疾人员一并使用同样设施的因素。

思考题

1. 什么是损伤、残疾和障碍？
2. 作为建设环境设计的目标，通常有哪四类残疾人？
3. 无障碍设计的总体要求是什么？
4. 什么是适应性住宅？
5. 高龄住宅对无障碍设计有什么要求？

第4章 城市道路无障碍设施设计

城市道路进行无障碍设计的范围包括主干路、次干路、支路等城市各级道路，郊区、区县、经济开发区等城镇主要道路，步行街等主要商业区道路，旅游景点、城市景观带等周边道路，以及其他有无障碍设施设计需求的各类道路，确保城市道路范围内无障碍设施布置完整，构建无障碍物质环境。城市道路涉及人行系统的范围均应进行无障碍设计，不仅对无障碍设计范围给予规定，并进一步对城市道路应进行无障碍设计的位置提出要求，便于设计人员及建设部门进行操作。城市道路中无障碍设施的内容主要有人行步道中的盲道、坡道、缘石坡道，人行横道的音响及安全岛，人行过街天桥与人行过街地道中的盲道、坡道或升降平台、扶手、标志等。但是在新建和改建道路无障碍设计时应依据不同地区的条件、道路的性质、人流的状况、公交的运行以及居住区分布等因素，建设盲道和过街坡道或升降平台，避免在城市道路范围内全部进行无障碍设施设计建设的现象。例如，在人行步道的外侧有绿化带的立缘石或有固定的围墙、栅栏等地带，可以不设置盲道，因为在以上地带视残者借助盲杖能够顺利行进；在非居住区及非主要的商业、文化、交通等建筑地段，也可不设置盲道和过街坡道。因此在城市规划中需要制定道路的无障碍设施的范围与内容。

4.1 一般规定

4.1.1 城市道路无障碍设施的设计内容

方便残疾人使用和通行的城市道路设施的设计内容应符合表4-1的规定。

表4-1 城市道路设施的设计内容

道路设施类别		设计内容	基本要求
非机动车车行道		通行纵坡、宽度	满足手摇三轮车者通行
人行道		通行纵坡、宽度，缘石坡道，立缘石触感块材，限制悬挂物、突出物	满足手摇三轮车者、轮椅者、挂拐杖者通行，方便视力残疾者通行
人行天桥和人行地道	坡道式	纵剖面 扶手 地面防滑 触感材料	方便挂拐杖者，视力残疾者通行
	梯道式		
公园、广场、游览地		在规划的活动范围内解决方便使用问题。同非机动车道和人行道	满足乘轮椅者、视力残疾者通行
主要商业区及人流极为稠密的道路交叉口		音响交通信号装置	方便视力残疾者通行
公交车站		站台有效宽度、缘石坡道	满足轮椅通行与停放的要求
无障碍标识系统		沿通行路径布置，构成完整引导系统	悬挂醒目

4.1.2　设计考虑的对象及参数

方便残疾人使用和通行的道路设施系以手摇三轮车为主要出行工具，并考虑轮椅者、挂拐杖者、视力残疾者的不同要求，其基础尺寸可参考本书附录2。

4.2　非机动车行车道

（1）非机动车行驶的道路、桥梁和立体交叉的纵断面设计应符合下列规定：

①最大纵坡度应符合表4-2的规定；

②纵坡长度应小于表4-3的规定。

表4-2　最大坡度

条　件	最大坡度（%）
平原、微丘地形的道路口、地形困难的路段	2.5
桥梁、立体交叉	3.5

表4-3　纵坡坡长限制

坡度（%）	限制的纵坡长度（m）
2.5	不限制
2.5	250
3.0	150
3.5	100

（2）非机动车辆车行道的宽度不得小于2.50m。

4.3　人行道

人行道是城市道路的重要组成部分，人行道在路口及人行横道处与车行道如有高差，不仅造成乘轮椅者的通行困难，也会给人行道上行走的各类群体带来不便。因此，人行道在交叉路口、街坊路口、单位出入口、广场出入口、人行横道及桥梁、隧道、立体交叉范围等行人通行位置，通行线路存在立缘石高差的地方，均应设缘石坡道，以方便人们使用。

（1）人行道的通行纵坡应符合表4-2和表4-3的规定，宽度不得小于2.50m。

（2）人行道应设置缘石坡道，缘石坡道的类型，适用条件和技术要求应符合下面的规定：

①三面坡型式缘石坡道，适用无设施带或绿化带处的人行道，如图4-1所示。

- 正面坡中的缘石外露高度不得大于10mm；
- 正面坡的坡度不得大于1:12；
- 两侧面坡的高度不得大于1:12；
- 正面坡的宽度不得小于1.20m。

②单面坡型式缘石坡道

人行道与缘石间有绿化带或设施带时，可设单面坡缘石坡道，如图4-2所示。

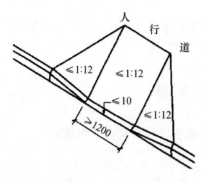

图4-1　三面坡缘石坡道（单位：mm）

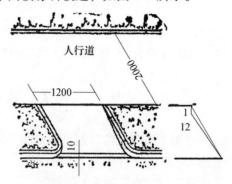

图4-2　单面坡缘石坡道（单位：mm）

- 缘石应有半径不小于500mm的转角；
- 正面坡中缘石外露高度不得大于10mm；
- 坡面坡度不得大于1:12；
- 人行道宽度不得小于2.0m。

③人行道纵向并与其等宽的全宽式缘石坡道

一般用于街巷口和庭院路出口的两侧人行道，如图4-3所示。

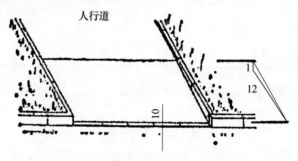

图4-3　全宽式缘石坡道（单位：mm）

- 坡面中的缘石外露高度不得大于10mm；
- 坡面坡度不得大于1:20。

（3）缘石坡道的表面材料宜平整、表面粗糙，冰冻地区应考虑防滑。

（4）缘石坡道的设置应符合以下规定：

①道路交叉口、人行横道、街巷路口以及被缘石隔断的人行道应设缘石坡道；

②重要公共设施及残疾人使用频繁的建筑物出入口的附近应设缘石坡道；

③不设人行道栏杆的商业街，同侧人行道的缘石坡道间距不得超过100m。

（5）缘石坡道宜位于路口或人行横道线内的相对位置上，街巷路口处的缘石坡道可设在缘石转角处，如图4-4和图4-5所示。

（6）人行横道内的分隔带应当断开，道路安全岛内部应高出地面的平台，如图4-6所示。

（7）商业街和重要公共设施附近的人行道应设为视力残疾者引路的触感材料，触感材料分为带凸条指示行进方向的导向材料和带圆点指示前方障碍的停步块材，块材表面宜为深黄色。

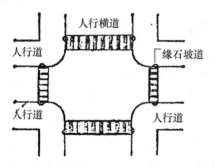

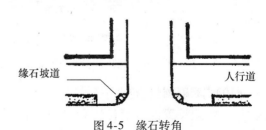

图 4-4　缘石坡道与人行横道的相对位置　　　　图 4-5　缘石转角

（8）触感块材的位置

①人行道铺装到建筑物时，应在中部行进方向连续设置导向块材，路口缘石前铺装停步块材。铺装宽度不得小于 600mm，如图 4-7 所示。

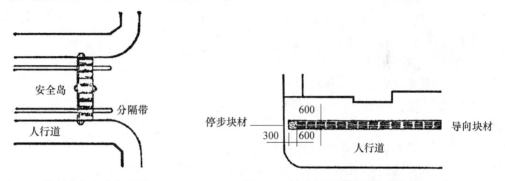

图 4-6　分割带与安全岛的设置　　　图 4-7　触感材料铺装要求（单位：mm）

②人行道处的触感材料距缘石 300mm 或隔一块人行道方砖铺装停步材料，导向块材与停步块材成垂直向铺装，铺装宽度不得小于 600mm×300mm，如图 4-8 所示。

③在公共汽车停车站，距缘石 300mm 或隔一块人行道方砖铺装导向块材，临时站牌设停车块材，停车块材与导向块材成垂直向铺装，铺装宽度不得小于 600mm，如图 4-9 所示。

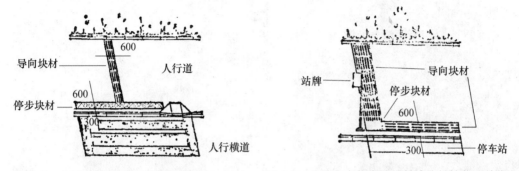

图 4-8　人行道处触感块的铺装（单位：mm）　图 4-9　公共汽车停车站处触感块材铺装（单位：mm）

（9）人行道里侧的缘石，在绿化带处高出人行道至少 100mm，绿化道的断口处用导向块材连接，如图 4-10 所示。

59

图 4-10　绿化带、人行道立援石与导向块材的相对位置（单位：mm）

（10）盲道设计应符合下列规定：

①人行道设置的盲道位置和走向，应方便视残疾者安全行走和顺利到达无障碍设施位置；

②指引残疾者向前行走的盲道应为条形的行进盲道；在行进盲道的起点、终点及拐弯处应设圆点形的提示盲道；

③盲道表面触感部分以下的厚度应与人行道砖一致；

④盲道应连续，中途不得有电线杆、拉线、树木等障碍物；

⑤盲道宜避开井盖设计；

⑥盲道颜色宜为中黄色。

（11）行进盲道的位置选择

人行道外侧有围墙、花台或绿地带，行进盲道宜设在距围墙、花台、绿地 250 ~ 500mm 处。

（12）人行道内侧障碍物的限制

①人行道中的地下管线井盖必须与地面接平，不得用箅子式井盖；

②侵入人行道空间的悬挂物距地面高度不得小于 2.20m；

③在人行横道与缘石坡道处不得设雨水口；

④人行道内需要保留的古木、遗迹或临时凹陷、凸起障碍物，应采取防护措施。

（13）不正确的盲道设置举例，如图 4-11 ~ 图 4-22 所示。

图 4-11　电杆拉线在盲道中央

图 4-12　井盖在盲道中央

图 4-13　路缘石截断盲道

图 4-14　路灯在盲道中央

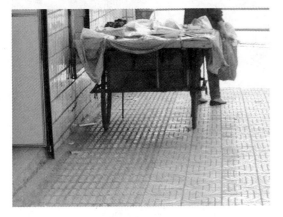

图 4-15　小摊贩占用盲道

图 4-16　施工占用盲道

图 4-17　导盲块材铺贴错误

图 4-18　高压输电线电杆占用盲道

图 4-19　公共汽车候车亭占用盲道

图 4-20　错误的设计

图 4-21　盲道不知去向

图 4-22　盲道不知通往何处

4.4　人行天桥和人行地道

　　人行天桥及地道出入口处需设置提示盲道，针对行进规律的变化及时为视觉障碍者提供警示。同时当人行道中有行进盲道时，应将其与人行天桥及人行地道出入口处的提示盲道合理衔接，满足视觉障碍者的连续通行需求。人行天桥及地道的设计，在场地条件允许的情况下，应尽可能设置坡道或无障碍电梯。当场地条件存在困难时，需要根据规划条件进行交通分析，对行人服务对象的需求进行分析时，应从道路系统与整体环境要求的高度进行取舍判断。

4.4.1　人行天桥和人行地道的梯道

　　人行天桥和人行地道的梯道在设计时应符合下列规定：

（1）踏步高度不得大于150mm，踏步宽度不得小于300mm；

（2）每个梯段的踏步不得超过18级；

（3）提升段之间应设宽度不小于1.50m的平台，梯道段改变方向时，平台净宽不应小于梯道净宽。

（4）坡度净宽度不小于2.00m。

4.4.2 人行天桥和人行地道的坡度

人行天桥和人行地道的坡度在设计时应符合下列规定：

（1）坡度不得大于1:12；有特殊困难时不宜大于1:10；

（2）坡道每升高1.50m或转弯处，应设长度不小于2.0m的中间平台。

4.4.3 人行天桥和人行地道的净高

人行天桥和人行地道的净高在设计时应符合下列规定：

人行天桥和人行地道的走道、坡道及梯道的净高均不得低于2.20m。

4.4.4 人行天桥和坡道扶手

人行天桥和坡道扶手在设计时应符合下列规定：

人行天桥和坡道两侧应在栏杆或墙壁上安装扶手。楼梯设高扶手和设低扶手的具体要求如下：

（1）无障碍单层扶手的高度应为850～900mm，无障碍双层扶手的上层扶手高度应为850～900mm，下层扶手高度应为650～700mm。

（2）扶手应保持连贯，在起点和终点应延伸300mm，扶手末端应向内拐到墙面，或向下延伸0.10m。

（3）扶手截面直径尺寸宜为35～45mm，扶手托架的高度、扶手与墙面的距离宜为45～50mm。

（4）在扶手起点水平段应安装盲文标志牌。

（5）扶手下方为落空栏杆时，应设高不小于100mm的安全挡台。

4.4.5 防护设施

人行天桥桥下的三角区净空高度小于2.00m时，应安装防护设施，并应在防护设施外设置提示盲道。

4.4.6 梯道设计

梯道宽度不应小于3.50m，中间平台深度不应小于2.0m，在梯道中间部位应设自行车坡道。

人行天桥和人行地道的梯道的两端，应在距踏步300mm或一块步道方砖长度处设置停步块材，铺装宽度不小于600mm，中间平台应在两端各铺一条停步块材，其位置距平台端300mm，铺装宽度不小于300mm，如图4-23所示。

4.4.7 梯道踏步或坡道设计

人行天桥和人行地道的梯道踏步或坡道表面应采取防滑措施。

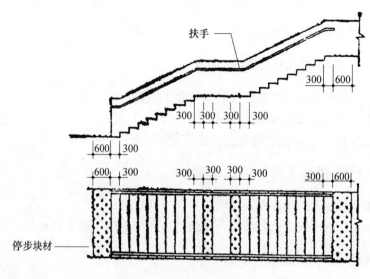

图 4-23　梯道踏步防滑措施（单位：mm）

4.4.8　坡度设计

人行天桥的梯道和坡道下部净高小于 2.20m 的范围，应采取防护措施。

人行地道的坡度和楼梯入口两侧的护墙低于 850mm 时，在墙顶应安装护栏或扶手。

4.5　音响交通信号的设置

对于视力残疾者和部分老年人，由于视力的问题，在通行时，原有的可视信号可能起不到应有的作用，或者根本就看不到，因此必须采用音响提示装置或信号来完成导向，以便能顺利通过或疏散。具体要求如下：

（1）在城市人行交通繁忙的路口和主要商业街，应设音响交通信号。

（2）在必要的位置设置报警器（可触摸、可听）和报警程序。

（3）残疾人通过街道所需要的绿灯时间，按残疾人步行速度 0.5m/s 计算。

（4）必要时应在报警系统上安装高强度信号灯或音响装置。

思考题

1. 人行道内侧障碍物限制的内容有哪些？

2. 人行天桥和人行地道的梯道设计应符合哪些规定？

第5章　建筑物无障碍设施设计

5.1　概述

建筑物无障碍设计分两大部分：即公共建筑和居住建筑。

公共建筑是城市建设的主要组成部分，其功能不仅要满足人们的物质需要，而且还要满足人们的精神需求。如何应用工程的技术和艺术，利用现代科学条件和多学科的协作，创造适宜的无障碍空间环境，更好地满足人们的生产和生存需要是设计者和建设者的最基本任务。一个建筑单体或建筑群乃至整个城市，建立起全方位的无障碍环境，不仅是满足残疾人、老年人的要求和受益全社会的举措，也是一个城市及社会文明进步的展示。

居住建筑是人们经常活动的主要场所。中高层住宅、公寓的住户较多，建筑入口比较集中，而许多设计将入口做成了多级台阶，常常又不设扶手，不仅阻碍了残疾人的通行，对老年人、妇女、幼儿及携带重物者的通行也带来了困难和危险，这样的例子不胜枚举，因此这部分的无障碍设计显得格外重要。

在考虑上述两部分建筑物无障碍设计时，必须参照《无障碍设计规范》（GB 50763—2012）中的相关规定进行。

5.2　一般规定

在对公共建筑和居住建筑进行无障碍设计时，首先了解它的实施范围和一般性规定，对于细部设计应参照《无障碍设计规范》（GB 50763—2012）进行。

5.2.1　公共建筑一般规定

建筑基地内的人行道应保证无障碍通道形成环线，并到达每个无障碍出入口。在路口处及人行横道处均应设置缘石坡道，没有人行横道线的路口，优先采用全宽式单面坡缘石坡道。建筑基地内总停车数是地上、地下停车数量的总和。在建筑基地内应布置一定数量的无障碍机动车停车位是为了满足各类人群无障碍停车的需求，同时也是为了更加合理地利用土地资源，在制定总停车的数量与无障碍机动车停车位的数量的比例时力求合理、科学。

（1）建筑基地的车行道与人行通道地面有高差时，在人行通道的路口及人行横道的两端应设缘石坡道。

（2）建筑基底的广场和人行通道的地面应平整、防滑、不积水。

（3）建筑基地的主要人行通道当有高差或台阶时应设置轮椅坡道或无障碍电梯。

（4）建筑基地内总停车数在 100 辆以下时应设置不少于 1 个无障碍机动车停车位，100

辆以上时应设置不少于总停车数1%的无障碍机动车停车位。

（5）公共建筑的主要出入口宜设置坡度小于1:30的平坡出入口。

（6）建筑内设有电梯时，至少应设置1部无障碍电梯。

（7）当设有各种服务窗口、售票窗口、公共电话台、饮水器等时应设置低位服务设施。

（8）主要出入口、建筑出入口、通道、停车位、厕所电梯等无障碍设施的位置，应设置无障碍标志，无障碍标志应符合无障碍标识系统、信息无障碍的设计规定；建筑物出入口和楼梯前室宜设楼面示意图，在重要信息提示处宜设电子显示屏。

（9）公共建筑的无障碍设施应成系统设计，并宜相互靠近。

5.2.2　居住建筑一般规定

居住建筑无障碍设计的贯彻实施，反映了整体居民生活质量的提高。设计范围涵盖了住宅、商住楼、公寓和宿舍等多户居住的建筑。在独栋、双拼和联排别墅中作为首层单户进出的居住建筑，可根据需要选择使用。

居住建筑出入口的无障碍坡道，不仅能满足行为障碍者的使用，推婴儿车、搬运行李的正常人也能从中得到方便，使用率很高。入口平台、公共走道和设置无障碍电梯的候梯厅的深度，都要满足轮椅的通行要求。通廊式居住建筑因连通户门间的走廊很长，首层会设置多个出入口，在条件许可的情况下，尽可能多的设置无障碍出入口，以满足使用人群出行的方便，减少绕行路线。在设有电梯的居住建筑中，单元式居住建筑至少设置一部无障碍电梯；通廊式居住建筑在解决无障碍通道的情况下，可以有选择地设置一部或多部无障碍电梯。

无障碍设施的位置，应设置无障碍标志，无障碍标志应符合规范及本书附录中的有关规定；建筑物出入口和楼梯前室宜设楼面示意图，在重要信息提示处宜设电子显示屏。

5.2.3　方便残疾人使用的公共建筑物设计

方便残疾人使用的公共建筑物设计内容应符合表5-1的规定。

表5-1　公共建筑物设计内容

建筑类型	执行规定范围	基本要求
办公、科研、司法建筑（政府办公建筑、司法办公建筑、企事业办公建筑、各类科研建筑、社区办公及其他办公建筑等）	接待部门及公共活动区	残疾人可使用相应设施； 集会场所应设残疾人席位
文化、娱乐、体育建筑（图书馆、美术馆、博物馆、文化馆、影剧院、游乐场、体育场馆等）	公共活动区	残疾人可使用相应设施； 主要阅览室、观众厅等应设残疾人席位； 根据需要为残疾人参加演出或比赛设置相应的设施
教育建筑（托儿所、幼儿园建筑、中小学建筑、高等院校建筑、职业教育建筑、特殊教育建筑等）	出入口、楼梯及厕所	出入口应为无障碍出入口； 主要教学用房应至少设置1部无障碍楼梯； 公共厕所至少有1处应满足规范规定； 残疾人可使用相应设施； 视力、听力、言语、智力残障学校设计应符合现行 GB 50763—2012 等标准
商业服务建筑（大型商场、百货公司、零售网点、餐饮、邮电、银行等）	营业区	残疾人可使用相应设施； 大型商业服务楼应设可供残疾人使用的电梯； 中小型商业服务楼出入口应设有坡道

续表

建筑类型	执行规定范围	基本要求
福利及特殊服务建筑（福利院、敬（安、养）老院、老年护理院、老年住宅、残疾人综合服务设施、残疾人托养中心、残疾人体训中心及其他残疾人集中或使用频率较高的建筑等）	出入口、楼梯、卫生间、公共活动区、居室	残疾人可使用相应设施；居室设计；公共浴室设计
宿舍及旅馆建筑	公共活动区及部分客房层	残疾人可使用相应设施；宿舍及旅馆根据需要设残疾人床位
医疗建筑（医院、疗养院、门诊所、保健及康复机构）	病患者使用的范围	残疾人可使用相应设施
交通建筑（汽车站、火车站、地铁站、航空港、轮船客运站等）	旅客使用的范围	残疾人可使用相应设施提供方便残疾人通行的路线
公共停车场（库）	无障碍机动车停车位	数量应符合 GB 50763—2012 规定
汽车加油加气站	汽车加油加气站附属建筑的无障碍设计	建筑物至少应有 1 处为无障碍出入口，且宜位于主要出入口处；男、女公共厕所宜满足 GB 50763—2012 规定
高速公路服务区建筑	高速公路服务区建筑内的服务建筑的无障碍设计	建筑物至少应有 1 处为无障碍出入口，且宜位于主要出入口处；男、女公共厕所应满足 GB 50763—2012 规定
城市公共厕所（独立式、附属式公共厕所）	出入口、洗手盆、厕位	残疾人可使用相应设施；地面防滑
历史文物保护建筑无障碍建设与改造（历史文物保护建筑进行无障碍设计的范围应包括开放参观的历史名园、开放参观的古建博物馆、使用中的庙宇、开放参观的近现代重要史迹及纪念性建筑、开放的复建古建筑等）	无障碍游览路线、出入口、院落、服务设施、信息与标识、	残疾人可使用相应设施提供方便残疾人通行的路线

注：残疾人可使用相应设施：指各类建筑中为方便公众而建设的通路、坡道、入口、楼梯、电梯、坐席、电话、饮水、售品、卫生间、浴室等设施。具体实施内容可根据实际使用需要确定。

5.2.4　方便残疾人使用的居住建筑物设计

方便残疾人使用的居住建筑物设计内容应符合表 5-2 的规定。

表 5-2　居住建筑物设计内容

建筑类型	执行规定范围	基本要求
高层住宅、中层住宅中高层公寓、中高层公寓	建筑入口、入口平台、候梯厅、电梯轿厢、公共走道、无障碍住房	入口坡道、扶手、轮椅回转面积、指示牌及其他无障碍设施
多层住宅、低层住宅多层公寓、低层公寓	建筑入口、入口平台、公共走道、楼梯、无障碍住房	入口坡道、扶手、轮椅回转面积、指示牌及其他无障碍设施
职工宿舍、学生宿舍	建筑入口、入口平台、公共走道、公共厕所、浴室和盥洗室	入口坡道、扶手、轮椅回转面积、指示牌及其他无障碍设施

注：居住建筑应按每 100 套住房设置不少于 2 套无障碍住房；无障碍宿舍的设置，是满足行动不便人员参与学习和社会工作的需求，即使明确没有行为障碍者的学校和单位，也要设计无障碍宿舍，男女宿舍应分别设置无障碍宿舍，每100 套宿舍各应设置不少于 1 套无障碍宿舍，以备临时和短期需要，并可根据需要增加设置的套数。

5.2.5 学习、工作场所的设计

有一定数量残疾人使用的学习、工作场所，可参照 GB 50763—2012 等规范采取相应设计以满足基本要求。

5.2.6 建筑场的设计

专供残疾人使用的各类建筑，均应按 GB 50763—2012 等规范有关规定执行。

方便残疾人使用的建筑物主要考虑满足轮椅者、挂拐杖者、视力残疾者的不同要求，其通行及有关设施的基本空间尺度参数，应符合 GB 50763—2012 及附录 1 ~ 附录 4 的规定。

5.3 出入口

在坡度、宽度、高度上以及地面材质、扶手形式等方面方便行动障碍者通行的出入口，通常称为无障碍出入口。该出入口不仅方便了行动不便的残疾人、老年人，同时也给其他人带来了便利，这种设计在国内外已有不少实例，并在逐步推广。但现在大部分建筑物的出入口几乎都没有台阶和坡道，针对这种情况，在设计时应考虑以下因素：

（1）出入口的地面应平整、防滑。

（2）供残疾人使用的出入口，应设在通行方便和安全的地段。室内设有电梯时，出入口应靠近候梯厅。

（3）出入口的室内外地坪高差不宜太大。如室内外地面有高差时，应采取坡道连接，平坡出入口（地面坡度不大于 1:20 且不设扶手的出入口）的地面坡度不应大于 1:20，当场地条件比较好时，不宜大于 1:30。

（4）出入口的内外，应留有回转直径不小于 1.50m 的轮椅回转面积。

（5）出入口设有两道门时，门扇开启后应留有不小于 1.20m 的轮椅通行净距。

（6）室外地面滤水箅子的孔洞宽度不应大于 15mm。

（7）台阶和升降平台同时设置时出入口宜只应用于受场地限制无法改造坡道的工程，并应符合下列规定：

①升降平台只适用于场地有限的改造工程。

②垂直升降平台的深度不应小于 1.20m，宽度不应小于 900mm，应设扶手、挡板及呼叫控制按钮。

③垂直升降平台的基坑应采用防止误入的安全防护措施。

④斜向升降平台宽度不应小于 900mm，深度不应小于 1000mm，应设扶手和挡板。

⑤垂直升降平台的传送装置应有可靠的安全防护装置。

（8）除平坡出入口外，在门完全开启的状态下，建筑物无障出入口的平台的净深度不应小于 1.50m。

（9）建筑物无障碍出入口的门厅、过厅如设置两道门，门扇开启时两道门的间距不应小于 1.50m。

（10）建筑物无障碍出入口的上方应设置雨篷。

（11）出入口大厅

残疾人进出建筑物的场所必须是主要出入口，只考虑从服务区进入是不合理的。包括紧急出入口在内，所有的出入口都应该能够让残疾人利用。

从入口大厅要能够看到建筑物内的主要部分，特别是多层建筑物，要能看到电梯、自动扶梯和主要台阶等，并需要考虑如何更容易地到达这些地方。

入口大厅根据建筑类型的不同，考虑设置的设施也不同。在住宅或疗养院等建筑物中，由于需要换鞋，地面的高差及随之需要考虑的鞋箱和换鞋空间等必须重新安排。在小卖部、收款台的周边、接待服务台、店铺的橱窗也需要进行周密细致的考虑。

在公共建筑物内，因为有很多不同类型的来访者，登记处、指示牌、标志、引导牌、轮椅停放处、公用电话、等候空间等不同功能的设施之间，应该充分考虑其相关性。

①换鞋。在需要换鞋的建筑物内，做成有高差的地面是一般较为常见的形式。在有残疾者来访的时候，不能跨越这个高差。因此，把高差做成坡道是十分必要的。如果碰上步行困难者及老年人使用时，站着换鞋是件困难的事，设置能够坐下来换鞋的场所是十分必要的。

②换车。轮椅分室外用和室内用（各部分的尺寸都较小，可以通过狭小的空间）两种。有时也需要在进入室内后换车。换车时，需要考虑 2 台车的回转空间和扶手等必备设施。如果是不需要换车的话，进入建筑物之前也需要洗车（有关洗车装置的详细内容请参考有关章节）。

③指示。在多种类型而且来访者较多的建筑物中，入口大厅的指示十分必要。指示又可分为到服务问询台直接询问和通过标志、广播等间接手段问询。

服务问询台应设置在明显的位置，并有为视觉障碍者提供可以直接到达的盲道等诱导设施。目前的盲道因为没有方向性，存在着视觉障碍者反向行走的可能，因此在设计上应设置单向诱导或考虑在盲道砖上增加方向性。

④标志、指示牌。在建筑物内设置明显的指示牌时，应该考虑为盲人设置触摸式盲标。另外还需要增加标志和指示牌本身自带的照明亮度，使之内容更容易阅读，指示牌的高度、文字的大小等也应该充分考虑。

与抽象化的指示标志相比，用声音进行指示显得更加容易理解。

⑤轮椅停放处、打气筒。换乘用轮椅和存放打气筒的空间必须设在登记处的附近。

⑥地面处理。建筑物的入口大厅的地面往往做成磨光的，这样会造成穿高跟鞋的女性或使用拐杖的人行走困难，下雨天地面被弄湿后就更容易打滑，最好是采用防滑材料。

地面材料使用地毯时，要避免因边部损坏而引起的通行障碍或危险。另外较厚的地毯，对靠步行器、轮椅车和拐杖行走的人们来说，会导致行走不便或引起绊脚等危险，因此，尽量避免使用满铺的厚地毯。

⑦邮政信箱、公用电话等。邮政信箱、公用电话等设施，考虑到残疾人也要利用，应设置在无障碍通行的位置。

⑧出入口。有关出入口方面的设计，必须考虑的事项很多，详细设计在这里就不再赘述（请参考有关章节及 GB 50763—2012 等），有关内容如图 5-1 ~ 图 5-3 所示。

（a）

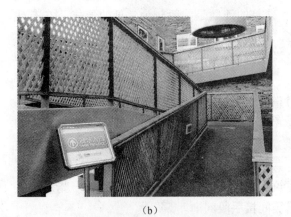

（b）

（c）

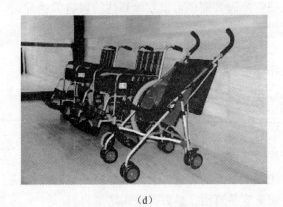

（d）

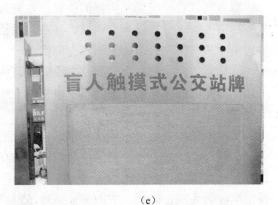

（e）

图 5-1　宾馆、饭店的入口大厅

（a）首先能看到登记、问询处。并通过地面铺装把人们诱导到主要房间及电梯厅。

电梯厅内设置各主要房间所在位置的标志牌，通过声音（小鸟的叫声）起到诱导视觉障碍者的作用；

（b）在入口大厅的中央设置了通向二层的坡道。同时也设置了盲文指示牌和轮椅车用的打气筒。

利用坡道爬一层以上的楼层，对于首次使用轮椅车的人们来说，是一件非常费力气的事情；

（c）通过通向入口大厅的登记、问询处的盲道，起到了诱导视觉障碍者的作用；

（d）登记、问讯处的旁边放置的出租用轮椅车、婴儿车；

（e）满足不同类型使用者的电视、触摸地图、手语、大尺寸的文字等

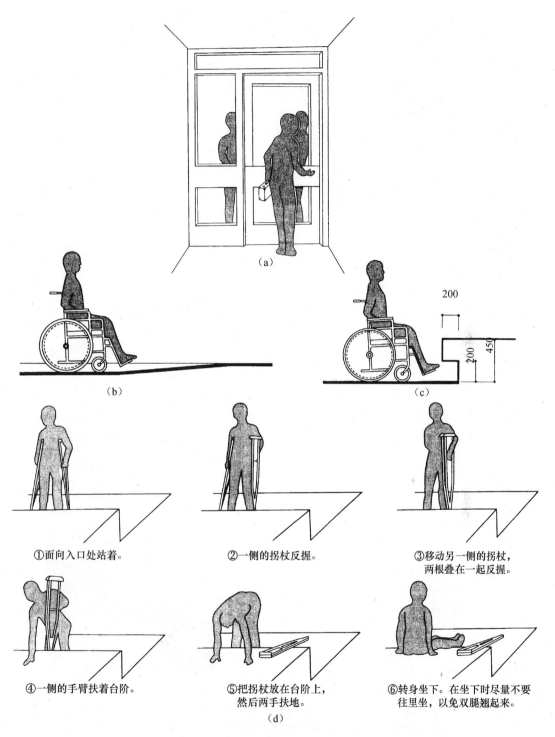

①面向入口处站着。　②一侧的拐杖反握。　③移动另一侧的拐杖，
　　　　　　　　　　　　　　　　　　　　　　两根叠在一起反握。

④一侧的手臂扶着台阶。　⑤把拐杖放在台阶上，　⑥转身坐下。在坐下时尽量不要
　　　　　　　　　　　　　然后两手扶地。　　　往里坐，以免双腿翘起来。

(d)

图 5-2　出入口设计和拐杖使用者出入口实例（单位：mm）

　(a) 开门时，通过利用玻璃门的方式，可以确认对面接近门口的人，起到防止相互碰撞的事故。但是，接近全透明的玻璃门时，也可能会因为识别不清玻璃而发生碰撞的可能性，所以需要采取在玻璃门前放置栏杆或粘贴胶布等措施；

　　(b) 在入口处如果需要换鞋，为了使利用轮椅的残疾者消除台阶的障碍，也应该考虑设置坡道；

　　(c) 为了使利用轮椅车的人们接近乘换场所，应考虑脚踏板高度尺寸；(d) 拐杖使用者进出入口的范例

71

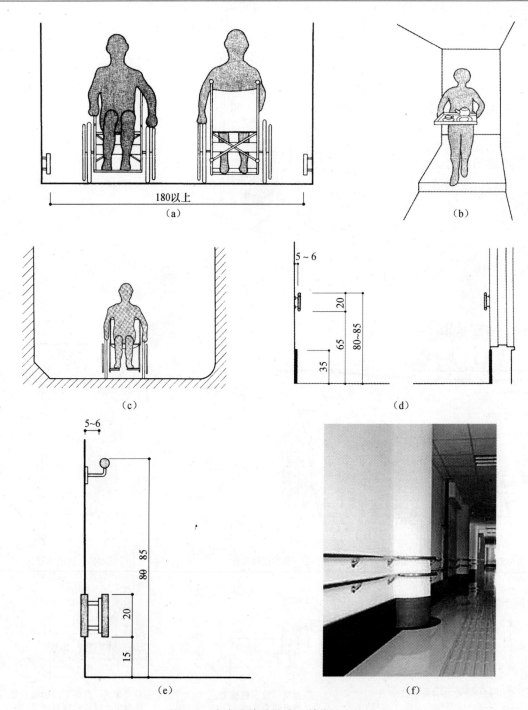

图 5-3　走廊及扶手设计（单位：cm）

（a）作为走廊和通道的幅宽，考虑两辆轮椅相交错时，必须要保持 180cm 以上；

（b）在不太被人注意的不合适的地方设置台阶是非常危险的；

（c）为了防止由于轮椅的通过而造成局部墙壁的损坏，可以考虑采用在墙壁与地面交接处设置 45°的墙角板或做成圆弧状的形式；

（d）既可作为扶手也可作为缓冲壁条板的设置，取代防护板的实例；（e）扶于与防护板的安装实例；

（f）在柱子的周边安装了扶手和防护板的实例

5.4 坡道

5.4.1 坡道设计

坡道是用于联系地面不同高度空间的通行设施，由于功能及实用性强的特点，当今在新建和改建的城市道路、房屋建筑、室外道路中已广泛应用。它不仅受到残疾人、老年人的欢迎，同时也受到健全人的欢迎。坡道的位置要设在方便和醒目的地段，并悬挂国际无障碍通用标志。

关于坡道形式的设计，应根据地面高差的程度和空地面积的大小及周围环境等因素，可设计成直线形、L形或 U 形等。为了避免轮椅在坡面上的重心产生倾斜而发生摔倒的危险，坡道不应设计成圆形或弧形，具体设计如下：

（1）供残疾人使用的门厅、过厅及走道等地面有高差时应设坡道，坡道的宽度不应小于 0.90m。

（2）每段坡道的宽度、允许最大高度和水平长度，应符合表 5-3 的规定。

表 5-3　轮椅坡道的最大高度和水平长度

坡 度	1:20	1:16	1:12	1:10	1:8
最大高度（m）	1.20	0.90	0.75	0.60	0.30
水平长度（m）	24.00	14.40	9.00	6.00	2.40

注：其他坡度可用插入法进行计算。

（3）每段坡道的高度和水平长度超过表 5-3 规定时，应在坡道中间设休息平台，休息平台的深度不应小于 1.20m。

（4）坡道休息转弯时应设休息平台，设休息平台的深度不应小于 1.50m。

（5）在坡道的起点和终点，应有坡道不小于 1.50m 的轮椅缓冲地带。

（6）坡道两侧应在 0.90m 高度设扶手，两段坡道之间的扶手应保持连贯。

（7）坡道的起点和终点处的扶手，应水平延伸 0.30m 以上。

（8）坡道侧面凌空时，在栏杆下端应设高度不小于 50mm 的安全挡台，如图 5-4 所示。

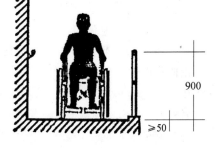

图 5-4　安全挡台（单位：mm）

5.4.2 走廊、通道设计

走廊、通道希望能够尽可能地做成直交形式。如做成迷宫一样或是由曲线构成，视觉障碍者容易迷失方向。通常考虑方便使用是十分重要的，在非常时刻的避难通道也有其重要的功能。因为残疾人在避难时需要更多的帮助，避难通道尽可能设计成最短的路线，与外部不直接连通的走廊不利于避难，应该加以回避。

（1）形状。在较长的走廊中步行困难者、高龄者需要在途中休息。从这个意义上说走廊最好不要太长。如果走廊过长时，需要设置不影响通行的可以进行休息的场所。一般来说，多在走廊的交叉口处设置休息场所。

柱子、灭火器、陈列展窗等都应该以不影响通行为前提。作为备用品而设在墙上的物品，必须把墙壁做成凹进去的形状来放置。另外，还可以考虑局部加宽走廊的宽度，不能避免的障碍物应设置安全护栏。

屋顶或墙壁上安装的照明设施和标志牌，不能妨碍通行。步行空间的高度如果达不到2.20m 以上的话，身体高大的人就有可能发生碰头的危险。如果在楼梯下部设有通道时，视觉障碍者就有可能发生碰头的危险。

在走廊和通道的转弯处做成曲面或曲角，这不仅仅是为了防止碰撞事故的发生，而且也便于轮椅车左右转弯，同时也能减少对墙面的损坏。

如果不做曲面处理，应进行转角防护，避免墙面损伤。

（2）有效宽度。使用轮椅的人能够较容易地通行的话，走廊、通道需要 1.20m 以上的宽度，如果轮椅要进行180°回转，需要 1.50m 的宽度。如果是两辆轮椅需要交错通行，宽度要在 1.80m 以上。

（3）地面材料。使用不易打滑，行人或轮椅翻倒时不会造成很大冲击的地面材料。如果是地毯，其表面应与其他材料保持同一高度。表面绒毛较长的地毯不适合轮椅的使用者和步行困难的人行走。

视觉障碍者是靠脚下的触感和反射声音行走的，采用适宜的地面材料可以更容易地识别方位，发现走廊和通道，或者是容易发现要到达的地点。在面积较大的区域内规划通道时，地面材料最好也要变化。同时，墙壁、屋顶材料的变化也是十分重要的。

（4）高差。走廊或通道不要做成有高差的变化，特别是台阶数不多的地方，不容易注意到地面上的高差变化，容易发生绊脚、踏空的危险。在有高差的地方，需要做防止打滑处理的坡道。

（5）扶手。在医院、诊疗所、养老院等设施中，残疾者经常利用的走廊需要设置走廊扶手，扶手应该是连续的。

（6）保护板。轮椅通常不易保持直行，轮椅的车轮及脚踏板碰到墙壁上，或者手指被夹在轮椅和墙壁之间的事情经常发生，为了避免这类事件，应设置保护板或缓冲壁条。这些设施在转弯处容易出现直角，应尽量考虑做成圆弧曲面的形式。

另外，还可以加高踢脚板或者考虑在腰部高度的侧墙上采用一些其他材料以达到保护作用。

（7）色彩、照明。巧妙地配置色彩可以使视障者较容易地在大空间中行走，也可以较容易地识别对象物。在容易发生危险的地方，可以通过对比强烈的色彩或照明，提醒人们注意。

贴上普通的标志，把色带贴在与视线高度相近（1.40~1.60m）的走廊墙壁上，可以帮助弱视的人们识别方位。在门口或门框处加上有对比的色彩，能够明确表示出入口的位置。连续的照明设施的配置，可以起到诱导线路的作用。

（8）标志。层数或室名等标志也应该考虑便于视觉障碍者阅读。文字和号码应该采用较大的字体，做成凹凸等形式的立体字形。

本部分实例可参照图 5-5、图 5-6 所示。

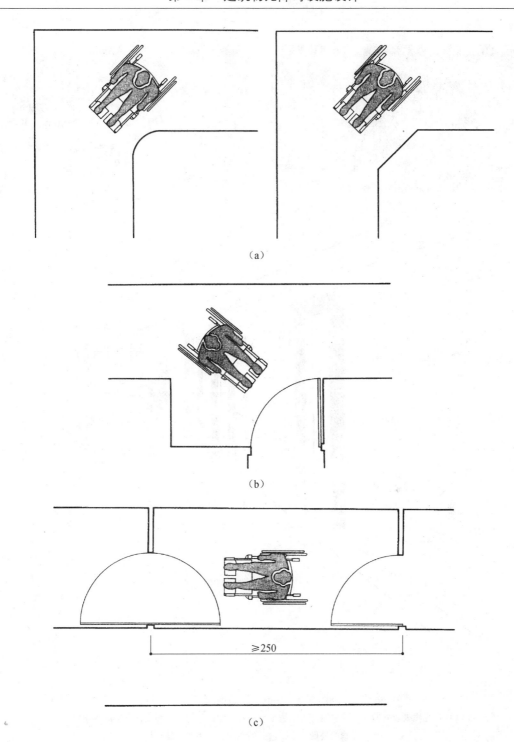

图 5-5　走廊转角尺寸（单位：cm）

（a）走廊转角处处理的实例：在考虑走廊转角处采用曲面和通行上方便的同时，也需要防止转角处被损坏。

另外，为了防止冲撞，在转角处还可以考虑设置凸面镜；

（b）在走廊处有连续两处大门时，两个门之间的距离应该满足轮椅进入两门之间时不影响门的打开与关闭的条件；

（c）在面对走廊的出入口处，为了使门的开与关顺利进行，可以设置局部凹进去的空间

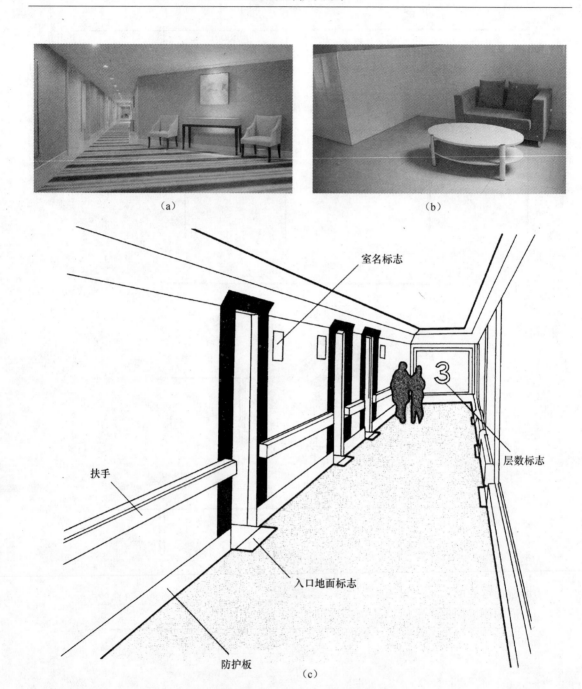

（a）

（b）

室名标志

扶手

入口地面标志

层数标志

防护板

（c）

图 5-6　走道、通道实例

（a）在走廊处设置凹进去的空间，可以放置沙发等设施，作为休憩、谈话交流的小空间；

（b）从走廊侧墙处做一个凹进去的空间，作为放置轮椅场所；

（c）走廊中设置扶手或防护板，另外还有室名标志、房间出入口标志、层数标志

5.5　走道

走道是通往目的地的必经之路，它的设计要考虑人流大小、轮椅类型、拐杖类型及疏散要求等因素。

（1）通过一辆轮椅的走道净宽不宜小于 1.20m。通过一辆轮椅和一个行人对行的走道不宜小于 1.50m。通过两辆轮椅的走道净宽度不宜小于 1.80m，如图5-7所示。

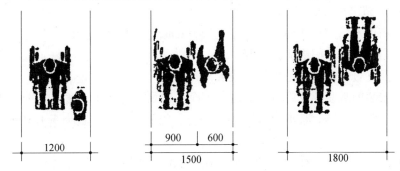

图5-7　不同的走道净宽（单位：mm）

（2）走道尽端供轮椅通行的空间，因门开启的方式不同，走道净宽不小于图5-8所示尺寸。

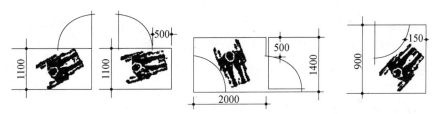

图5-8　走道尽端空间（单位：mm）

（3）供残疾人使用的走道：

①两侧的墙面，应在 0.90m 高度设扶手；

②走道拐弯处的阳角应为圆弧墙面或切角墙面；

③走道两侧墙面的下部应设高 0.35m 的护墙板；

④走道一侧或尽端与地坪有高差时，应采用栏杆、栏板等安全设施。

⑤走道两侧不得设突出墙面影响通行的障碍物，光照度不应小于120lx。

5.6　门

建筑物的门通常是设在室内外及各室之间衔接的主要部位，也是促使通行和保证房间完整独立使用功能不可缺少的要素。由于出入口的位置和使用性质的不同，门扇的形式、规格、大小各异。开启和关闭门扇的动作对于肢体残疾者和视觉残疾者是很困难的，还容易发生碰撞的危险，因此，门的部位和开启方式的设计，需要考虑残疾人的使用方便与安全。适用于残疾人的门在顺序上是：自动门、推拉门、折叠门、平开门、轻度弹簧门。

5.6.1 门的总体要求

（1）供残疾人通行的门不得采用旋转门和不宜采用弹簧门。

（2）自动门开启后通行净宽度不应小于 1.00m。

（3）平开门、推拉门、折叠门开启后的通行净宽度不应小于 800mm，有条件时，不宜小于 900mm。

（4）平开门、推拉门、折叠门的门扇应设距地 900mm 的把手，宜设视线观察玻璃，并宜在距地 350mm 范围内安装护门板。

（5）门槛高度及门内外地面高差不应大于 15mm，并以斜面过渡。

（6）无障碍通道上的门扇应便于开关。

（7）门扇及五金等配件应考虑便于残疾人开关。

（8）门上安装的观察孔及门铃按钮的高度应考虑乘轮椅者及儿童等的使用要求。

（9）公共走道的门洞，其深度超过 0.60m 时，门洞的净宽不宜小于 1.10m。

（10）出入口周围

残疾者开关大门有很多困难。所以说，最好是不设大门，但是把大门全部取消也是不太可能的。

5.6.2 门的种类及特点

从开关门的难易程度来看，推拉门比平开门要容易开关。康复中心等场所的设施一般不使用平开门，用推拉门和折叠门较多。从使用难易程度来看，最受欢迎的是自动推拉门，其次是手动推拉门，最后是手动平开门。折叠门的构造复杂，不容易把门关紧，但是坐在轮椅上开关很容易。自动式平开门存在着由于突然打开门而发生碰撞的危险，通常是沿着行走方向向前开门，所以需要区分入口与出口。回转门轮椅不能使用，对视觉障碍者或步行困难者也较容易造成危险。实在需要设置的话，需要另外再设一个旁门。下面简单介绍门的种类及使用特点。

（1）自动门

自动门的开关有很多种类。残疾人是否容易使用还需要根据具体情况进行选择。对于轮椅的使用者来说，用手可以接触到范围的限定及脚比前轮多出 0.50m 等情况都应充分考虑。对于步行困难的人来说，因为行动较为缓慢，注意一定要避免在还没有完全通过大门前门就自动关闭起来。对于视觉障碍者来说，需要明确的是开关位置，与此同时也希望能够听到门开关的声音。

常用的开关有：①受力后通过电气的接点进行感应，并接通电源的橡皮垫开关及硬铝垫开关；②通过超声波反射接通电源的超声波开关；③通过电磁波的反射接通电源的电磁波开关；④通过投光与受光器间的光线来接通电源的光线开关；⑤通过接触开关点来接通电源的触摸式开关；⑥通过压按电钮来接通电源的按压式开关。

踩踏式开关在运行时有轻微的声音，可以给视觉障碍者一种安全感。如果是较小的踩踏板放在门前的话，轮椅在踏上踩踏板之前，突出的前部已经碰到大门而不能进行正常的开关。如果是 1.00m 见方的踩踏板就不会发生问题。橡胶踩踏板容易被磨损和发生绊脚等问题，在这一方面要注意考虑。铝合金制踩踏板存在会使拐杖容易打滑及感觉不是很好等问题。超音波开关可以调整适当的高度，让坐轮椅的人也可以正常使用，并且安全通过大门。对于视觉障碍者来说，最好是通过声音等方式来提醒他们开关。电磁波开关容易受温湿度变化或降雨等方面的影响。同样光感开关的受光机也容易受结露或太阳光直射的影响，所以说这两种开关用在室内比室外要好。触摸式开关和按压式开关，对于视觉障碍者来说寻找它有一定的困难，如果在寻找的过程中门意外地被打开的话，手和手指有被夹伤的危险。另外还要考虑这些装置的设置要使坐轮椅的人和儿童都能够伸手够到。所以说，设计人员要从残疾人利用的角度去进行开关的研究和开发。

（2）推拉门

推拉门能够保证安全操作，但是门越大，质量也就越大，有可能发生靠残疾人自身的力量很难打开的情况。虽然可以考虑在推拉门上加滑轨装置，但是下滑轨式的推拉门容易发生故障，而且占地面积大，可以考虑悬吊式推拉门。

（3）平开门

门的开、闭方向和开口部分的大小是根据走廊的幅宽、墙壁的位置等考虑决定的。在没有什么特殊情况下，门的开关方向以内开式为好。如果门的内侧与外侧都没有障碍的话，可以采用双向式门，这样出入门时都可以按推动的方向打开大门，这对坐轮椅的人来说是较理想的。

打开着的门对视觉障碍者有被碰撞的危险，最好安装上自动关闭装置。

（4）有效幅宽

出入口的有效幅宽应在 0.80m 以上。在较窄的出入口处轮椅通过有一定难度，如果可能最好加宽一些。

（5）门开关的必要空间

坐轮椅的人开关或通过大门时，需要在门的前后左右有一定的平坦地面。根据安装方式的不同，需要的空间大小也不同，左右各留 0.30m 宽度，门开的方向为 1.50m，相反一侧只需 1.10m 就可以了。

（6）门把手

门把手应考虑轮椅的使用者或儿童也可以利用的高度和形状。横长条状把手的高度为 0.80 ~ 1.10m 之间，其他的把手标准高度为 0.85 ~ 0.90m。圆形的门把手对上肢或手有障碍的人来说用起来有困难，最好用椭圆形把手。轮椅的使用者在关闭推拉门时，门的合页固定侧加上辅助把手，开关就会较容易。同样辅助把手水平向安装时与门把手平行设置的话，会给下肢障碍者等支撑身体提供方便。

（7）防止夹手指

推拉门的合叶固定侧也会发生夹手指或被夹骨折的情况。幼儿更容易发生这种问题，在这个部分应该考虑手指无法伸进的措施等。

（8）保护板

轮椅的脚踏板很容易撞在门上，需要在距地面 0.35m 左右以下安装保护板。

（9）透明大门

在打开大门时不至于发生碰撞的办法是安装可以看到门对面的透明大门，或是局部透明。对一些有私密性的房门，只允许设置向内打开的单向门，这样可以减少碰撞事故的发生。如果是双向门的话，特别要注意这方面的安全。在逆光的地方如果有透明大门时，因不容易分辨它的存在，也会发生碰撞事故，需要考虑在距离地面1.40~1.60m高的地方，粘贴带颜色的色带。

（10）防火门

装有防火门自动关闭装置的大门需要考虑轮椅的使用者通行不受阻碍的幅宽，门槛不能过高。另外还应考虑上肢残疾人可以简单地打开防火门的操作形式。

（11）标志

锅炉房、机械室等容易发生危险的房间，为了防止视觉障碍者等误入室内，可以考虑把门把手做成粗糙的形式。在大门前后的地面上铺上盲道砖或改变铺装材料，并标明室名等必要的标志。

有关门及出入口周围的设计如图5-9所示。

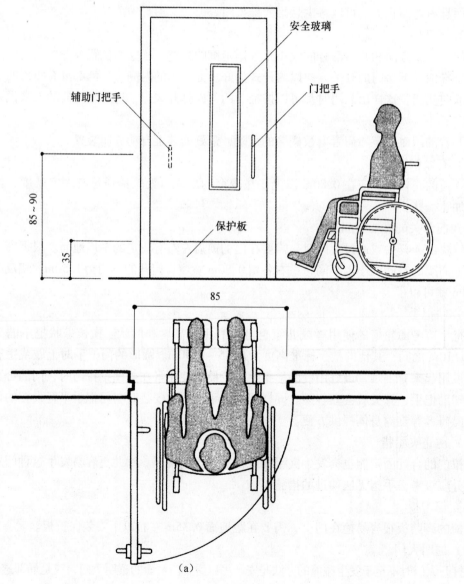

（a）

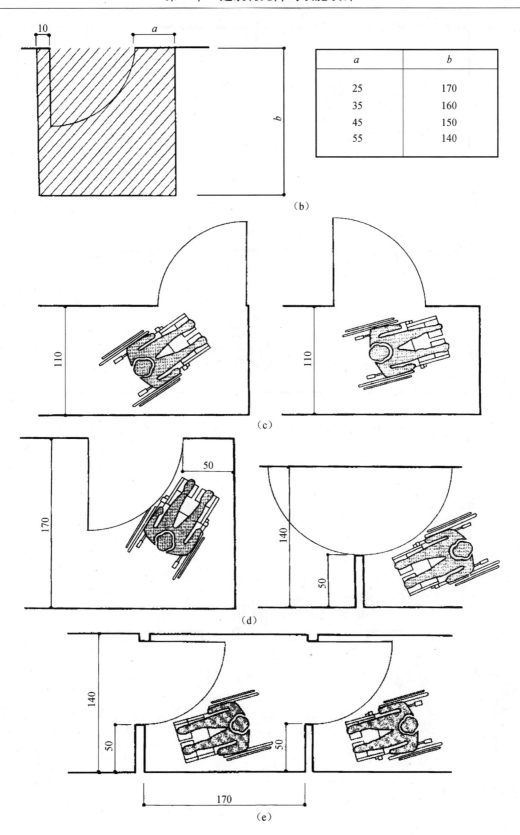

a	b
25	170
35	160
45	150
55	140

（b）

（c）

（d）

（e）

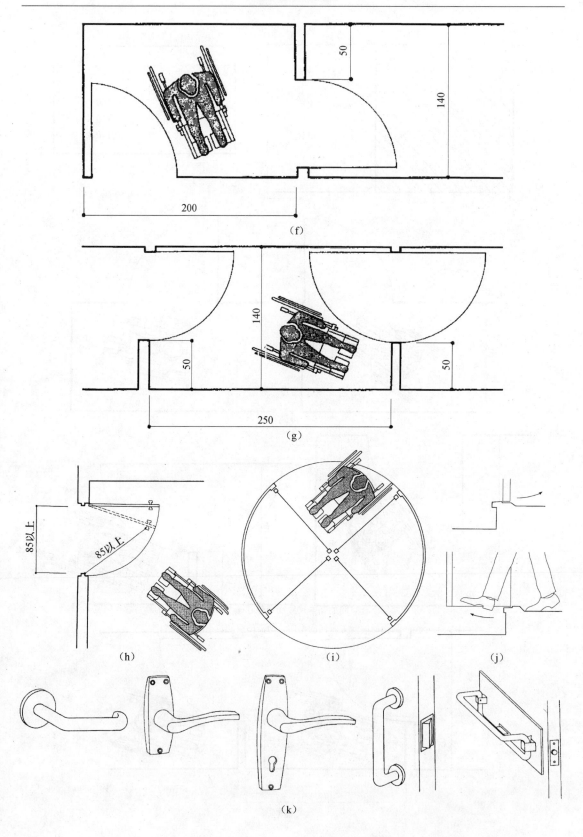

（f）

（g）

（h）　　　　　（i）　　　　　（j）

（k）

（l）　　　　　　　　　　　　　　　　（m）

（n）

图 5-9　出入口设计（单位：cm）

（a）出入口的有效幅宽，最低要保证轮椅使用者能够一个人通过。国际上的最低标准为80cm以上，但是最好保持85cm以上。在出入口处距地面35cm高的地方应设置保护板。门的把手应根据轮椅的使用者或上身残疾人容易使用的高度进行安装，形状上也要求便于使用。另外，最好设置一个能够看到门对面情况的局部透明窗；

（b）根据门的打开方向来组合空间的基本尺寸（单位：cm）；（c）有门时的通路最小幅宽；

（d）根据门的开关方向的不同，所需的空间也不同的实例；

（e）~（g）两道门的周围，随着门的开关方向的不同，所需的空间也不同的实例；

（h）平开门的幅宽必须是实际所需的幅宽。有效幅宽的意思也是指的这个幅宽。所以说，设计时必须了解门开关的形式，才能确定开口尺寸、门的尺寸等；

（i）轮椅使用者不能利用旋转门，对视觉障碍者来说也很危险。如果不是必须使用这种门的话，最好采用其他形式的门。对于轮椅使用者及视觉障碍者等，可以规划安全利用的出入口；

（j）出入口周围的台阶是危险的。如果实在无法避免的话，一定要注意推拉门的开关方向；

（k）门把手的形式有多种多样。扶手式把手有横向和纵向两种。与圆形的把手相比，椭圆形把手更容易使用；

（l）自动门在前面设置扶手的实例：有防止不小心摔倒及引导视觉障碍者通过大门的功能；

（m）为了防止人体接近推拉门的开闭空间，扶手尽可能延长设置的实例。另外门坎的缝隙也变得很窄；

（n）门（以推拉门为例）的出入口前后的雨算子的实例：为了使轮椅出入没有障碍，不设有高差的台阶，也可以防止从外部雨水侵入。根据表面做法和材质，此处也容易出现打滑的现象，需要注意

83

5.7 窗户周围及楼梯台阶

5.7.1 窗户设计

窗户的无障碍设计不仅要考虑残疾人的使用，而且还需考虑老年人和儿童的使用方便安全和舒适。窗户对坐轮椅者而言应有一个无阻视线，如图 5-10（a）～（b）所示。

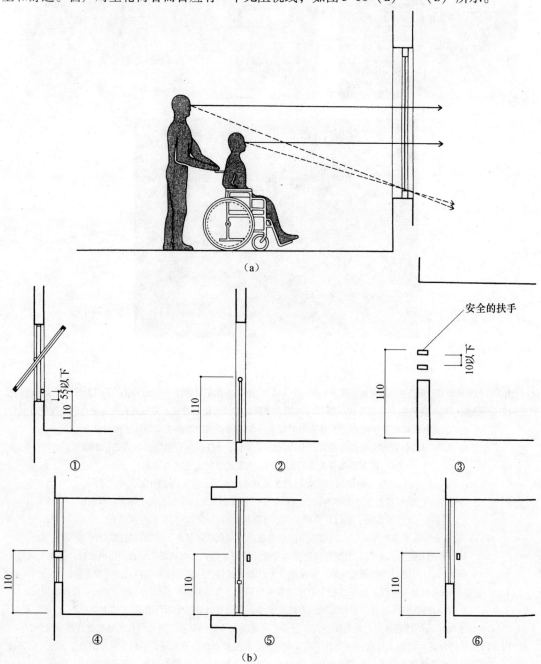

（a）

（b）

图 5-10　窗户设计和使用实例（单位：cm）

（a）窗台的高度要根据轮椅使用者和卧床不起的病人的视线高度来决定；

（b）窗台较低的情况下，为了防止从窗户处掉下去，需要设置扶手；

（c）在擦玻璃时，必须考虑到手能够到的地方。最好避免一些擦玻璃困难或有危险的窗户形式

（1）窗户周围

窗户对不能去外界活动的残疾者来说，很大程度上是了解外界情况的重要地方。有人认为视觉障碍者不需要窗户，实际上这是错误的。相反，这些人对窗户的要求更为强烈。在转角处，虽然有窗户，但是残疾人不能开合，因此在设计上不合理。窗户应该尽可能地容易操作，而且又很安全。

（2）高度

窗台的高度是根据坐在椅子上的人的视线高度来决定的。最好在100cm以下，但是如果太低又有可能增加坠落的危险。高层建筑物需要装防护扶手或栏杆等防止坠落的设施。从地面到屋顶全部采用落地式透明玻璃时，会有因为逆光而看不清玻璃的情况发生，在这方面需要引起注意。

（3）开闭形式

开闭形式有推拉、上下滑窗、旋转（横向、纵向）等形式，推拉的形式便于操作。向室内突出的旋转窗容易发生碰撞事故，尽量避免。擦玻璃也一样，残疾人能擦到的面积不是很大，需要考虑手可以较容易够到的尺寸并且在复杂的机械装置使用上有一定的困难。高处排烟窗等也需要选择操作容易的开闭形式。

（4）防止夹手

安装合页的窗口，其合页固定侧如果夹住手，会引起很大的伤害，这部分应安装上海绵等进行防护。铝合金窗等会出现锐角的框边，应尽量避免夹手。

（5）遮阳板、百叶窗、窗帘

为了能够调节室内的环境条件，设置遮阳板、百叶窗、窗帘等，应尽量选择操作容易、性能安全的形式。

在窗边也应该考虑设置有能够饲养动物和栽培植物的必要空间。

5.7.2　楼梯和台阶

楼梯和台阶是垂直通行空间的重要设施，楼梯的通行和使用不仅要考虑健全人的使用要求，同时更应考虑残疾人、老年人的使用要求。楼梯的形式每层按 2 跑或 3 跑直线形楼梯为好。避免采用每层单跑式楼梯和弧形及螺旋形楼梯形式。这种类型的楼梯会给残疾人、老年人、妇女及幼儿产生恐惧感，容易产生劳累和摔倒事故。具体考虑因素如下所述：

（1）供拄拐者和视力残疾者使用的楼梯

①不宜采用弧形楼梯，宜采用直线形楼梯；

②楼梯的净宽不宜小于 1.20m；

③不宜采用无踢面的踏步和突沿为直角形的踏步；

④踏步面的两侧或一侧凌空为明步时，应防止拐杖滑出；

⑤楼梯两侧应在 0.90m 高度处设扶手，扶手宜保持连贯；

⑥楼梯起点及终点处的扶手，应水平延伸 0.30m 以上；

⑦楼梯间的光线要明亮，楼梯的净宽度和休息平台的深度不应小于 1.50m；

⑧公共建筑楼梯的踏步宽度不应小于 280mm，踏步高度不应大于 160mm；

⑨不应采用无踢面和直角形突缘的踏步；

⑩宜在两侧均做扶手；

⑪如采用栏杆式楼梯，在栏杆下方宜设置安全阻挡措施；

⑫踏面应平整防滑或在踏面前缘设防滑条；

⑬距踏步起点和终点 250～300mm 宜设提示盲道；

⑭踏面和踢面的颜色宜有区分和对比；

⑮楼梯上行及下行的第一阶宜在颜色或材质上与平台有明显区别。

（2）供拄拐者和视力残疾者使用的台阶

①公共建筑的室内外台阶踏步宽度不宜小于 300mm，踏步高度不宜大于 150mm，并不应小于 100mm；

②踏步应防滑；

③三级及三级以上的台阶应在两侧设置扶手；

④台阶上行及下行的第一阶宜在颜色或材质上与其他阶有明显区别。

（3）楼梯的细部设计，如图 5-11 所示。

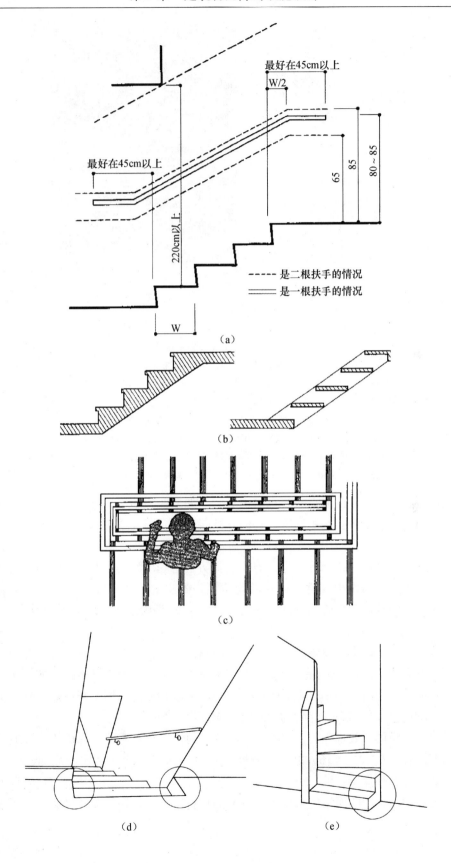

（a）

（b）

（c）

（d）

（e）

(f)

(g)

图 5-11　楼梯（单位：cm）

（a）扶手最好是比台阶两端更长一些，并保持与走廊部分的扶手相连续；

（b）台阶的边缘做成挑出的形式很容易发生绊脚的事故。另外没有挡板的台阶会使拐杖、脚滑落，十分危险；

（c）楼梯的周围做成漏空的形式会发生儿童或东西坠落的危险。在漏空的部分，需要考虑设置防止物体落下的安全网。
另外，幼儿容易攀爬楼梯或侧墙的扶手，对此应该特别注意；

（d）、（e）在楼梯的始点和终点，追加台阶的形式是发生绊倒、摔伤的根本原因；

（f）、（g）楼梯的下面作为通道时，留下不高不低的空间，会发生视觉障碍者或儿童撞头的危险。
楼梯下部的空间设置了禁止进入的栅栏实例；但是照片中设置的果皮箱影响盲人的通行，不合理

视觉障碍者发现台阶的起点、终点是困难的。如果在大厅中央宽敞的区域内，突然上升或下降都是不合理的处理。在走廊或通路的环状路一侧及与其成直角的稍微凹进去的部分设置台阶比较好。连续的台阶中每个踏步的尺寸，最好保持一致。有共享空间的楼梯会造成儿童或东西坠落、诱引病人自杀等危险，需要设置防止这些危险发生的安全措施。另外，台阶下能够通行的话，容易发生视觉障碍者或儿童撞头的事故。为此应在台阶下部附设安全设施，至少也应保持地面到台阶之间的高度为 2.20m，或者在这些台阶的周围设置安全栏杆，不让人们进入。

①形状。旋转台阶会使视觉障碍者失去方向感，另外台阶的内侧与外侧的水平宽度不一样，有可能发生踏空的危险。最好避免只有踏板而没有竖向挡板或踏板挑出的台阶形状。因为这种形式的台阶会给下肢不自由的人们或靠辅助装置行走的人们带来麻烦。在楼梯休息平台上设置台阶也会发生踏空或绊脚的危险，不应该设置台阶。

②尺寸。台阶的有效幅宽为 1.20m。台阶转弯的停留空间需要考虑担架能够通行。每步台阶的高度最好在 0.10 ~ 0.16m 之间，宽度在 0.30 ~ 0.35m 之间。众所周知，同一段台阶的高度和宽度都必须保持一致。

③面层处理。台阶的面层应采用不易打滑的材料。因为，拐杖接触地面的面积很小，容易打滑。

④挡板、侧挡板、路缘石。为了防止拐杖的滑落，在台阶的两侧设置路缘石。另外，为了防止鞋子等卡在台阶之间，需要设置挡板和侧挡板。

⑤边缘防滑。台阶的边缘防滑不应只注意踏板表面。为了防止踏空台阶，踏板与边缘防滑部分应采用对比的颜色。近视者从台阶上方向下看时分不清每段台阶，所以需要明确每步台阶的端部。

⑥扶手。扶手不能做成被儿童们当成滑梯的形式。扶手应该是圆形或椭圆形，与墙壁保持 0.04m 的距离。这 0.04m 的距离使突然失去平衡要摔倒的人们不会因为有扶手而发生夹手现象，同时也可以保证很容易就能抓住扶手的基本要求。

扶手应该设置在台阶的两侧，至少也应在一边，同时尽可能比两端的始点和终点要延长出一段，这样可以起到调整步行困难者的步幅和身体重心的作用。扶手尽可能做成连续的，在楼梯休息平台处也不应切断，另外走廊的扶手等也应是连续的。对儿童或高龄者来说，需要较低的扶手，尽可能同时设置。扶手的具体设计要求参见《规范》第7.6 条。

⑦照明。为了使近视的人们很容易地发现台阶，在其附近最好加强照明。如果可能，最好是能够起到暗示台阶所在场所的作用。

照明与有对比的色彩一起使用的话，效果是最好的。为了从远处也能辨别台阶的位置，在台阶部分加一些有对比的色彩是很理想的。另外，前面讲到的为了使台阶水平向的踏面和垂直向的挡板间有明确的区别要采用边缘处理，与此同时最好也考虑照明的角度。

在从地面到屋顶大面积开窗有直射日光存在时，台阶表面会映出各种倒影，并产生较强烈的反光，给弱视者上下楼梯带来困难。在这种情况下，利用一排并列的照明设施，可起到诱导的作用。

⑧标志。在楼梯的起点、终点处铺上盲道砖，改变铺装材料或做成脚感有区别的地面，最好是能够明确台阶数。

在扶手的端部用盲文表示所在的位置等。

5.8　电梯

电梯对建筑物内的大多数人来说是一个很重要的成分，它们运送的人数要比残疾人人数大得多，除了身体最棒的那些人外，人们很少能走完电梯运行的距离。与普通电梯不同，残疾人使用的电梯在许多基本功能方面需有特殊考虑，这些功能决定残疾人使用电梯的能力。所有的电梯都有操作按钮，使按钮显而易见并将其设计在坐轮椅者伸手可及的地方不是一件难事。防止电梯门夹住不灵便的腿脚是明智的措施。肢体残疾者及视力残疾者自行操作的电梯，应采用残疾人使用的标准电梯。

供残疾人使用的电梯，在规格和设施配备上均有所要求，如电梯门的宽度，关门的速度，梯箱的面积，在梯箱内安装扶手、镜子、低位及盲文选层按钮、音响报层按钮等，并在电梯厅的显著位置安装国际无障碍通行标志。

5.8.1 用来载人的电梯类型

（1）载人电梯

这种电梯是提升机械的大多数，通常载六人或更多的人在两层或更多层间运行。

（2）平台式电梯

这种电梯的入口没有门槛，坐轮椅者进入时可调整电梯厢高度。这种电梯被越来越广泛地应用，可以在4.0m距离的楼层间运行。

升降平台的面积不应小于1.20m×0.90m，平台应设扶手或挡板及启动按钮。

（3）轮椅用楼梯电梯

供使用轮椅者上楼梯时乘坐，既可直线前行又可经过拐角和弯道，近年来其使用范围增加，一部电梯可以连接几个楼层。

5.8.2 残疾人使用电梯在使用功能方面的考虑

（1）控制按钮

电梯内外的呼叫按钮要在使用者能够触到和看到的范围之内，按下按钮后要有积极反应（反馈）表明电梯已确认呼叫，最好是表明电梯达到的时间。

（2）按钮位置

控制按钮要放在一个控制板上，控制板要与背景（墙壁）和按钮有明显的区别。按钮宽度为0.20～0.30m，按下时发亮或不间断发亮。按钮铭文要比按钮表面至少高出1mm，使数字可以触摸到，数字至少150mm高，数字线条大约3mm宽，报警按钮要标有突起的铃形标志。

（3）盲文

在盲人或视力有缺陷的人经常光顾的地方设盲文标志很有用。需要提醒的是：在许多盲人中只有很少人（约2%）认识盲文。还需指出，电梯控制板上的盲文如角度倾斜则不易读出（盲文通常是在平面上读）。在显示有盲文的地方，建议把盲文和按钮的突起结合起来。盲文在软钢板上效果最好，黄铜太软留不住字。

（4）可触式铭文

比用盲文更好的是用带有突起和发光铭文的按钮。用该按钮通过从其后面穿过来的光，使铭文的对比得到加强，所以无论从视觉上还是从触觉上，效果都很好。

（5）位置高度

外呼叫按钮的理想高度是上排按钮的中央或单独按钮的中央不高于地表1.10m处，一般为0.90～1.10m。内呼叫按钮应位于最上排按钮不高于地表1.40m处。特例是有的楼层选择钮的条装控制板也被放在视平线位置，沿着梯厢后面被安置在大约高于地表1.10m处，并且该控制板使坐轮椅者活动自如。

（6）照明

在梯厢内、在控制板上、在门槛上，灯的最低亮度是45～100lx之间，最好是漫射光源而不是点光源。

（7）声音反馈

有声反馈对于视力有限者或排队看不见电梯上信息的人是非常重要的。当几个电梯同时启动时，通常利用有声广播提示哪部电梯可用。视觉反馈用于表明电梯位置，使乘客准备好上电梯还是下电梯。

（8）门

电梯门对有残疾的使用者来说是最大的危险和障碍。过程太短和不灵敏的前缘按压传感器会导致事故，夹住太慢的使用者。电梯门开启后的净宽不宜小于 0.80m，一般大于或等于 0.90m。

（9）轿厢

梯厢要具有使残疾人更易使用的特征。电梯轿厢的规格应依据建筑性质和使用要求的不同而选用。最小规格为深度不应小于 1.40m，宽度不应小于 1.10m；中型规格为深度不应小于 1.60m，宽度不应小于 1.40m；医疗建筑与老人建筑宜选用病床专用电梯。轿厢的三面壁上应设高 0.85~0.90m 扶手，扶手距墙壁至少有 40mm 的间隙，梯厢内应设应急电话。

（10）候梯厅

候梯厅深度不宜小于 1.50m，公共建筑及设置病床梯的候梯厅深度不宜小于 1.80m。

（11）镜子

轿厢正面高 0.90m 处至顶部应安装镜子。

（12）显示与音响

轿厢上、下运行及到达应有清晰显示和报层音响。

5.9　扶手

扶手是残疾人在通行中的重要辅助设施，是用来保持身体的平衡和协助使用者的行进，避免发生摔倒的危险。扶手安装的位置和高度及选用的形式是否合适，将直接影响到使用效果。扶手不仅能协助乘轮椅者、拄拐杖者及盲人在通行上的便利行走，同样也给老年人的行走带来安全和方便。具体设计如下：

（1）在坡道、台阶、楼梯、走道的两端应设扶手；

（2）扶手应安装坚固，在任何的一个支点都要能承受 100kg 以上的力。扶手的形状要易于握住；

（3）扶手截面尺寸应符合图 5-12 的规定；

（4）无障碍单层扶手的高度应为 850~900mm，无障碍双层扶手的上层扶手高度应为 850~900mm，下层扶手高度应为 650~700mm；

（5）扶手应保持连贯，靠墙面的扶手的起点和终点处应水平延伸不小于 300mm 的长度；

（6）扶于末端应向内拐到墙面或向下延伸不小于 100mm，栏杆式扶手应向下成弧形或延伸到地面上固定；

（7）扶手内侧与墙面的距离不应小于 40mm；

（8）扶手应安装坚固，形状易于抓握。圆形扶手的直径应为 35~50mm，矩形扶于的截面尺寸应为 35~50mm；

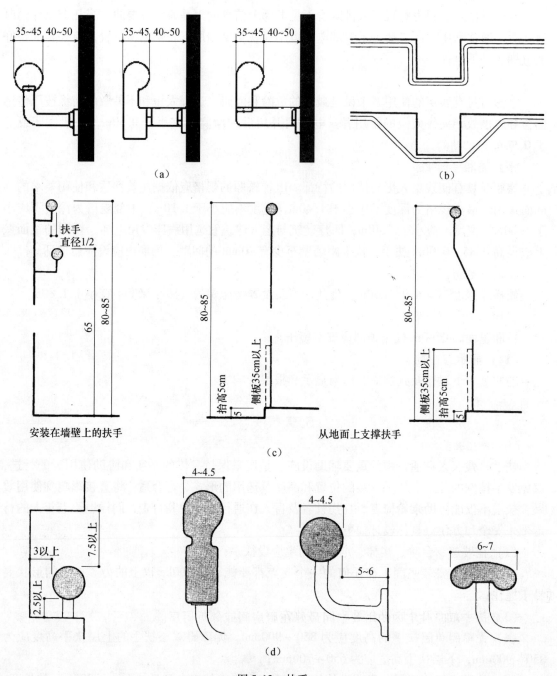

图 5-12　扶手

（a）扶手截面及托件（单位：mm）；

（b）走廊或通路处的柱子等突出的地方会发生碰撞的危险，通过合理的扶手设计可避免问题的发生；

（c）在高于地面 35cm 左右为止的地方设置侧板防止拐杖等碰绊；

（d）扶手的形状要求容易握住而且也容易握牢，支撑设在下方。（单位：cm）

扶握较为困难的扶手，与墙拉开一定距离，使扶手更易使用。

（9）扶手的材质宜选用防滑、热惰性指标好的材料；

（10）安装在墙面的扶手托件应为"L"形，扶手和托件的总高度宜为 0.07 ~ 0.08m；

（11）交通建筑、医疗建筑和政府接待部门等公共建筑，在扶手的起点与终点处应设盲文说明牌。

5.10　地面

不平整和松动的地面给乘轮椅者的通行带来困难，积水地面对拄拐杖者的通行带来危险，光滑地面对任何步行者的通行都会带来不便。因此无论是公共建筑，还是居住建筑都应考虑地面的无障碍设计。

（1）室内外通道及地面的坡道应平整，地面宜选用不滑及不宜松动的表面材料。

（2）入口处脚垫的厚度和卫生间内外地面的高差不大于 20mm。

（3）道路及入口处雨水的铁算子的孔洞不宜大于 15mm × 15mm。

（4）视力残疾者使用的出入口、踏步的起点和电梯的门前，宜铺设有触觉提示的地面块材。

5.11　旅馆客房及居室

宾馆所设置残疾人使用的客房以及居住建筑中的无障碍居室，为残疾人参与社会生活和扩大社会活动范围提供了有利条件，也是提高客房使用率的一项措施。残疾人在行动能力和生理反应方面与健全人有一定差距，供残疾人使用的客房在设计时应参照《无障碍设计规范》（GB 50736）8.8 条。残疾人住房套型分为 4 类，即与普通住宅套型分类相一致，按不同家庭人口构成情况进行分类设计，以达到城镇残疾人最小规模的基本居住生活要求即可。

（1）宾馆及宿舍应根据需要设残疾人床位。无障碍客房的数量为：100 间以下，应设 1 ~ 2 间；100 ~ 400 间，应设 2 ~ 4；400 间以上，应设 3 间以上。

（2）残疾人客房及宿舍宜靠近低层部位、安全入口、服务台及公共活动区。

（3）在乘轮椅者的床位一侧，应留有利于 1.5m × 1.50m 的轮椅回转面积。

（4）客房及宿舍的门窗、家具及电器设施等，应考虑残疾人使用的尺度和安全要求，见附录 2。

（5）用餐空间。住宅内的用餐空间最好在厨房间或邻近厨房间的专用空间。大家能够很融洽地聚在一起共同进餐是一件十分重要的事情。在餐厅或茶室中的陈列柜应保持弱视者或轮椅使用者、孩子们能够见到的高度，座位的诱导路线及桌子周边部位都需要考虑轮椅使用者的通行空间。同时还需要保证坐轮椅者腿部可以插入到桌子下方的空间。桌脚或椅子腿向外伸出的话，很容易引起盲人及儿童被绊倒。另外，酒吧等喝酒台需要确保使用者可以利用的高度。

（6）休息空间。休憩时需要有其私密性，卧室最好与其他居室分离，独立配置。但是残疾儿童的卧室考虑到照看的方便最好放在父母卧室的附近。另外，主妇是残疾者时，她的卧室也应安排成家庭经常聚集的居室。卧室设计要根据生活活动所需要的空间和家具及壁柜所需要的空间来决定，同时还要考虑到窗、门位置和开关形式。轻度残疾者的床可以靠着墙壁配置，如果是需要照顾的重度残疾者的话，只是床的枕头侧靠在墙上，周边要留出照看的空间。对于轮椅的使用者来说，为了从轮椅移动到床上，需要一些辅助设施，例如：屋顶安装滑轨，下挂式器具、辅助的扶手、握的棍等。如果是一直卧床不起的病人，容易得褥疮，最好是用容易翻身或坐起的床。

（7）设有无障碍客房的旅馆建筑，宜配备方便导盲犬休息的设施。

休憩空间还包括起居室等，这些也应该以方便残疾者的使用为中心进行考虑，绝对不能以残疾为由而忽视。

无障碍居室的设计实例如图 5-13 ~ 图 5-16 所示。

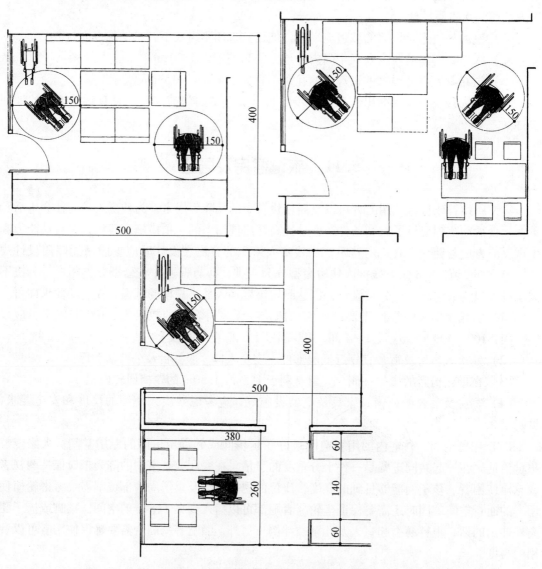

图 5-13　无障碍餐厅设计（单位：cm）

居室和餐厅实例：在考虑各种家具配置时，需要确保轮椅回转的空间和轮椅通行的空间

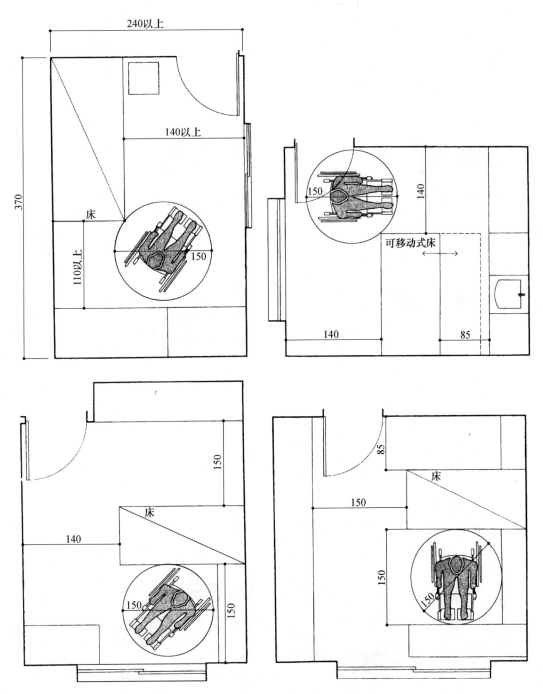

图 5-14 无障碍单人间设计（单位：cm）

在配置各屋的家具时，需要考虑轮椅使用者必要的利用空间及背后通行时的必要空间

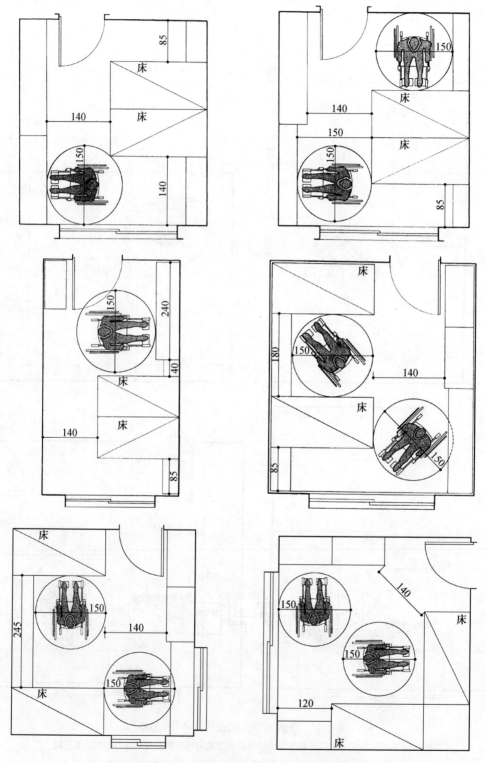

图 5-15 无障碍双人间设计（单位：cm）

放置两个单人床或一个双人床房间的实例：在配置各屋的家具时，
需要考虑轮椅使用者必要的利用空间及背后通行时的必要空间

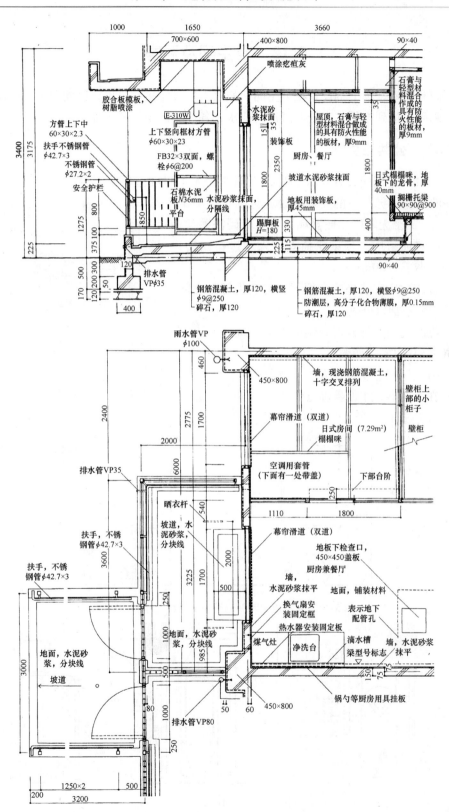

图 5-16　专门为残疾者设计的住宅小区室内的寝室、起居室、餐厅、厨房的实例（单位：mm）

5.12 卫生间及浴室

卫生间和浴室基本上都设置在卫生间，残疾人每日需多次进出，因此卫生间的设计必须要满足无障碍，达到方便、安全、舒适的要求，各部分的设计考虑如下。

5.12.1 公共卫生间

（1）公共卫生间应设残疾人厕位，女厕所的无障碍设施包括至少1个无障碍厕位和1个无障碍洗手盆，男厕所的无障碍设施包括至少1个无障碍厕位、1个无障碍小便器和1个无障碍洗手盆，厕所的入口和通道应方便乘轮椅者进入和进行回转，回转直径不小于1.50m；

（2）该座位应安装坐式大便器，与其他部分之间应采用活动帘子加以分隔；

（3）隔间的门向外开时，隔间内的轮椅面积不应小于1.20m×0.80m，如图5-17所示。

（4）男卫生间应设残疾人的小便器；

（5）在大便器、小便器临近的墙上，应安装能承受身体重量的安全抓杆，如图5-18和图5-19所示。抓杆直径为30～40mm。

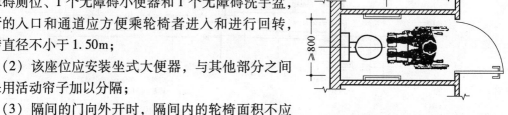

图5-17 残疾人卫生间（单位：mm）

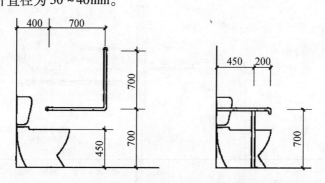

图5-18 大便器靠墙一侧设安全抓杆（单位：mm）

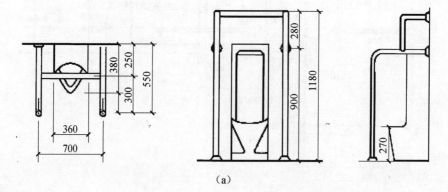

（a）

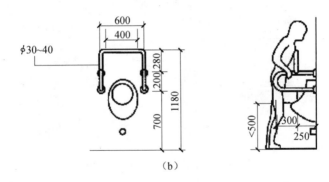

（b）

图 5-19　小便器前设安全抓杆（单位：mm）

（a）落地式小便器安全抓杆；（b）悬臂式小便器安全抓杆

5.12.2　残疾人男女兼用独立式卫生间

（1）男女兼用独立式卫生间应设洗手盆及安全抓杆；

（2）男女兼用独立式卫生间门向外开时，卫生间内的轮椅面积不应小于 1.20m ×0.80m；

（3）该卫生间门向内开时，卫生间内应留有不小于 1.5m ×1.50m 的轮椅回转面积。

5.12.3　公共浴室

（1）公共浴室应在出入方便的位置设残疾人浴位，在靠近浴位处应留有轮椅回转面积。

（2）残疾人的浴位与其他人之间应采用活动帘子或隔断间加以分隔，当采用平开门时，门扇应向外开启，设高 900mm 的横扶把手，在关闭的门扇里侧设高 900mm 的关门拉手，并应采用门外可紧急开启的插销；

（3）隔断间的门向外开时隔断间内的轮椅面积不应小于 1.20m ×0.80m。

（4）在浴盆及淋浴临近的墙壁上，应安装安全抓杆，如图 5-20 所示。

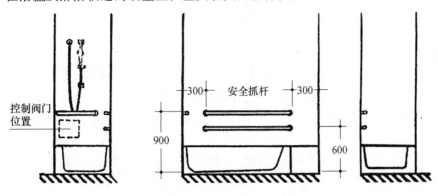

图 5-20　浴盆靠墙一侧设抓杆（单位：mm）

（5）淋浴宜采用冷热水混合器；

（6）在浴盆的一端，宜设宽为 300mm 的洗浴坐台。在淋浴喷头的下方应设可移动或墙挂折叠式的安全座椅，如图 5-21 所示。

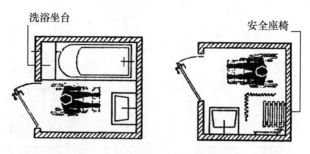

图 5-21　浴室坐台（椅）示意图

（7）客房卫生间的门向外开时，卫生间内的轮椅面积不应小于 1.20m×0.80m。在大便器及浴盆、淋浴器临近的墙壁上应安装安全抓杆，如图 5-22 所示。

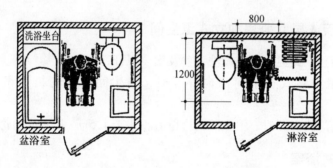

图 5-22　无障碍卫生间设计（单位：mm）

5.12.4　卫生间、洗手间

残疾人外出时容易碰到的一个困难是能够利用的卫生间太少。无论是怎样的建筑，至少也需要设置一处轮椅使用者可以利用的卫生间。虽然没有台阶，但是至少也应做成轮椅能够通过的门，使得众多的残疾者都能够利用。根据建筑的种类及使用目的，轮椅能够利用的卫生间有必要增加，并应考虑其利用上的方便。

（1）卫生间的位置

卫生间和洗手间最好是在人们利用率较高的通道及很容易发现的位置。在大厅及楼梯的附近设置是较为理想的。各层最好都在同一位置，而且男女卫生间的位置也不要变化。在各类型建筑物中，轮椅使用者能够利用的男女厕位至少分别设置一处。照顾残疾者的人有可能是异性的，所以最好是另设一处男女双方均可同时进入的共用卫生间，设计时，有必要进行全面考虑。

在卫生间中需要安装的各种设施，都应考虑方便视觉障碍者发现及其使用安全。

（2）出入口

为了避免视觉障碍者判断错误而误入它室，最好是建筑物内的所有卫生间都统一按男左女右或男右女左进行设置。出入口处应该有轮椅使用者能够通行的幅宽，不设置有高差的台阶，并最好不设门。如果是设置了门，也要做成能够容易打开的形式。

（3）遮挡墙

起到遮挡外部视线作用的遮挡墙需要考虑轮椅通行的方便。

（4）标志

有可供轮椅使用者能够利用的厕位时，需要在通道、入口、厕位前等处加上标志。最好是视觉障碍者也能够理解的盲文或用对比色彩做成的标志，这些标志一般在离地面 1.40 ~ 1.60m 的高度。

（5）色彩

地面、墙壁及卫生设施等用对比的色彩，弱视者能够很容易地分辨，一些发光的铺装材料会给弱视者带来不安，尽量避免使用。

（6）大便器的周围

有关大便器周围的布置，根据利用对象是否是轮椅使用者，其内容也有很大的区别。除轮椅使用者以外，与一般常用的厕位空间大小差不多就可以。这种情况下，坐式便器对拐杖使用者或老年人来说利用起来十分方便。使用蹲式便器时，为了视觉障碍者能够容易地确认其位置，最好设置足台，如果用扶手来代替也可以。对下肢行动不方便的人来说，有了扶手，能给蹲下和站立带来很大方便。在厕位内也必须考虑有防止摔倒的措施。

（7）轮椅使用者的厕位

从轮椅移坐到便器座面上，一般是从轮椅的侧面或前方进行的。为了完成这一动作，便器的两侧要附加扶手，确保厕位内轮椅的回转空间（直径 150cm 左右），这是十分重要的。但是这样一来，就需要相当宽敞的空间，如果不能保证有这么大的空间的话，应该考虑在轮椅能够利用的最小幅宽 90cm 的厕位两侧或一侧安装扶手。如果空间能再加宽一些的话，坐在坐便器伸手可以够到的范围内设置折叠式洗手池，在池下如果有可插入轮椅脚踏板的空间，从轮椅的侧前方就可以移坐到便器座面上，从轮椅向坐便器移动时，侧面是最容易的。

为了满足这个要求，厕位内需要轮椅能够旋转的空间，最好考虑从任何一侧都能移坐到坐便器上。所以，最好是扶手也安装在坐便器的两侧并做成可移动式，但是可移动式扶手容易活动必须留意。

（8）厕位出入口

厕位出入口需要保证轮椅使用者能够通行的幅宽，不能设置有高差的台阶。厕位的门最好采用轮椅使用者操作容易的形式，横拉门、折叠门、外向开门都可以。向内打开的门在有人摔倒时，身体或轮椅会成为障碍，不容易救出。如果是开关插销的形式，需要考虑上肢行动不自由的人能够方便地使用，并在关闭时显示"正在使用"的标志，同时也应考虑开关装置发生问题时的处理措施。

（9）便器

坐式便器坐下和站立都较省力，对于下肢行动不自由或轮椅使用者来说都较方便。对于儿童来说，坐便器构造上要单纯简捷以免因复杂造成破坏和故障，纤维增强玻璃钢制品的便器比陶制品便器要好。轮椅使用者最好是采用坐便器靠墙或底部凹进去的形式，这样可以避免与轮椅脚踏板发生碰撞的问题。

（10）坐便器

坐便器的高度最好在 0.42 ~ 0.45m。轮椅的座高与坐便器同高的话，较易移动。

坐便器的座板呈前开口的比全部连接在一起的圆形座板要容易使用。臀部肌肉萎缩的人，使用普通的坐便器时会因为座板开口过大而卡进坐便器内，在坐便器上加上辅助座板会使利用者更方便，同时还能起到增加坐便器高度的作用，但是辅助座板有容易滑动的缺陷。

（11）净洗装置

冲水开关要考虑安装在使用者坐在坐便器上也能伸手够到的位置，同时也要考虑采用上肢行动困难者使用方便的形式。还要考虑照顾病人的服务者的使用方便，设置脚踏式冲水开关。在低处设置的水箱会使厕位内留下一个突出部分，有操作不便的缺点，最好避免。如果实在无法回避的话，一定要保证其安全性，并在容易操作的位置上安装开关。自动净洗装置给患痔疮者带来了方便，但是对于下半身没有感觉的病人来说却存在着危险。

（12）卫生纸

卫生纸应该放在坐便器上可以伸手够到的地方，最好放在坐便器的左侧或右侧。

（13）扶手

扶手安装位置要选择在使用者使用扶手时不要影响其他功能的地方。因为全身的重量都有可能压在扶手上，所以扶手安装时一定要坚固。可移动式扶手因为是可动的，所以连接处容易发生问题，需要考虑构造的安全性。水平扶手的高度与轮椅的扶手同高是最为合理的。竖向扶手是为步行困难者站立时使用的，扶手的直径为32~38mm。地面固定式扶手需要考虑不妨碍轮椅脚踏板移动的位置和形式。有的残疾人喜欢利用吊环式辅助设施，这种吊环式辅助设施多用在个人专用或专门的设施中。

（14）紧急电铃

紧急电铃应设在人坐在便器上手能够到的位置或摔倒在地面上也能操作的位置。另外，最好采用厕位门被关上一定时间会后自动报警的系统。

（15）地面材料

采用沾水而不容易打滑的材料。

卫生间设施设备的布置详如图 5-23 ~ 图 5-28 所示。

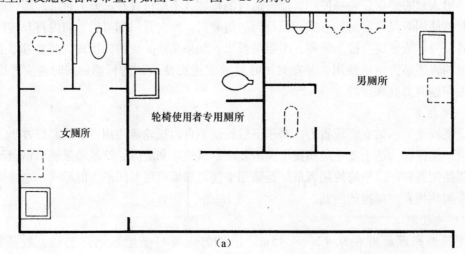

（a）

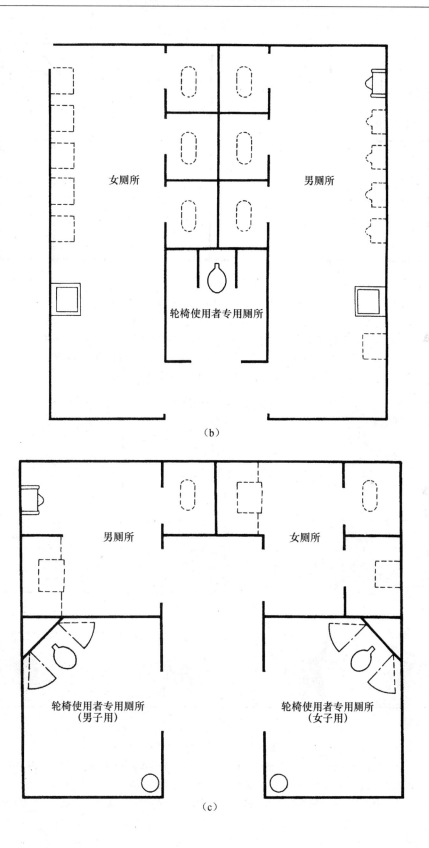

（b）

（c）

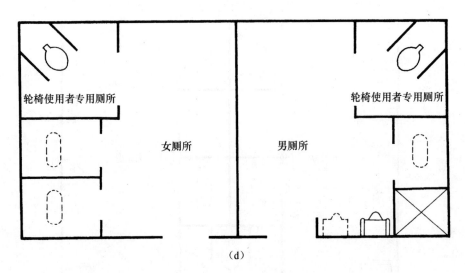

（d）

图 5-23 卫生洁具配置

（a）除男厕所、女厕所之外，设置了轮椅使用者专用的厕所。这种轮椅使用者厕所是男女共用的；

（b）基本上与配置例（a）相同，只不过比男女共用的轮椅使用者专用厕所更明显；

（c）除男厕所、女厕所之外，又分别设置了轮椅使用者专用的男、女厕所；

（d）男女厕所内各自设置了轮椅使用者的专用厕位

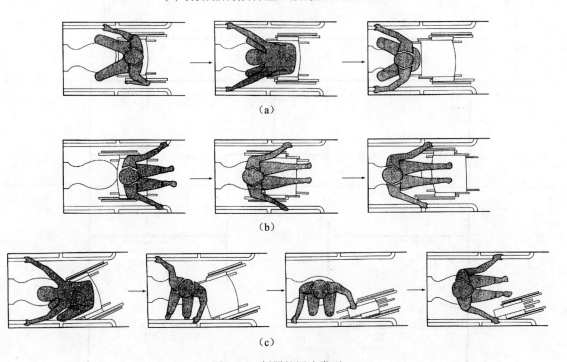

图 5-24 便器的用法类型

（a）～（c）从轮椅到便器的移乘类型可分为"前方直进（骑马式）"，"背面直进（后方移乘式）"，"斜前方（旋转移乘式）"等方式。根据伤残的类型和厕位内的空间大小，移乘的类型也不同。厕位内的空间、扶手、坐便器等的设计一定要充分理解残疾人的特性，这是设计成功与否的关键。

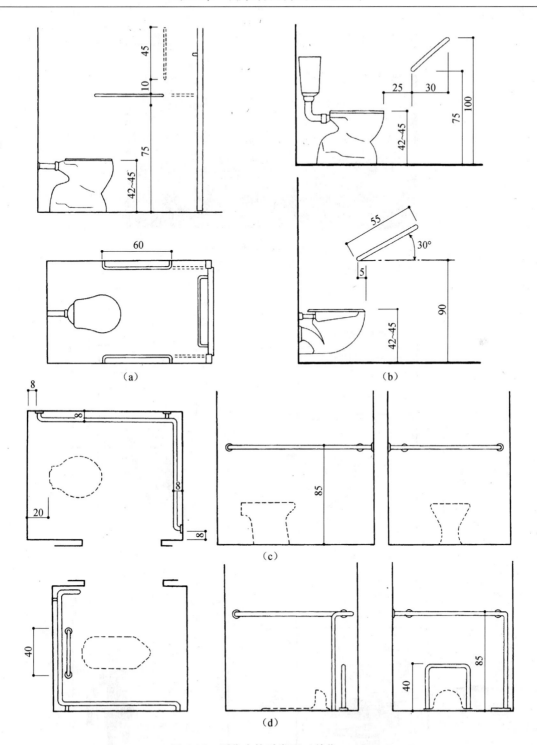

图 5-25　厕位内扶手类型（单位：cm）

（a）~（c）如果厕位内有扶手的话，高龄者等腰腿软弱的人站立会容易得多。

靠拉按扶手能够使身体站立起来。图中表示的是扶手的形状、安装尺寸的实例。

扶手最好是尽可能增加长度，这样可以满足各种类型残疾人的要求（单位：cm）；

（d）单从为了稳定使用时的姿态这一点来讲也需要扶手，为了方便起立，也应安装垂直方向的扶手。

图 5-26　厕位内扶手类型
厕位内有轮椅旋转的空间。便器的两侧还安装着固定扶手。

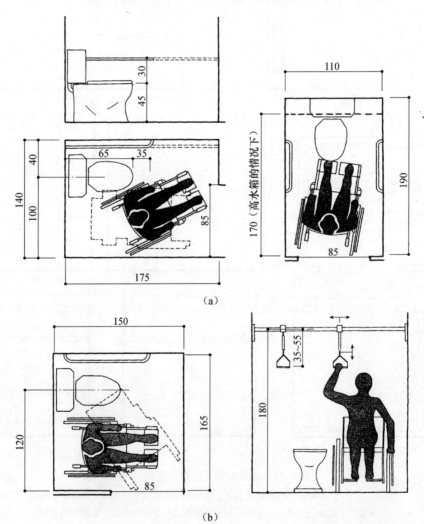

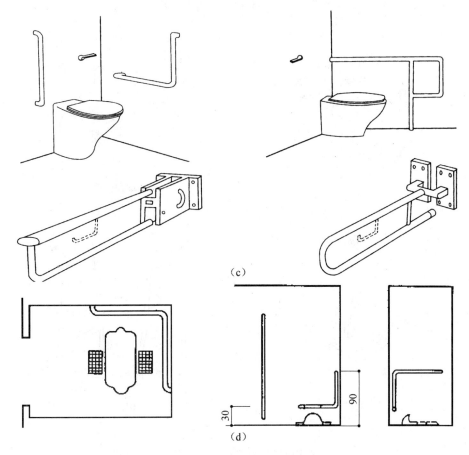

图 5-27　厕位内扶手形式及安装（单位：cm）

（a）轮椅使用者用厕位时，根据空间的不同用途，从轮椅移乘到便器的方式也不同。
所以，需要根据移乘的方式相应地安装扶手。厕位的空间越大，各种移乘方式便成为可能，
扶手也一样，根据不同的移乘方式安装扶手；（b）吊环式的安装实例；

（c）变形扶手的设置实例：低处水平扶手是支撑身体时使用的，垂直向扶手是向上拉起时使用的；

（d）因为视觉障碍者不容易确认便器的位置，安装脚踏板或扶手能够帮助视觉障碍者确认。
用手探摸不干净的便器是件不愉快的事，有必要考虑设置不易脏污的便器

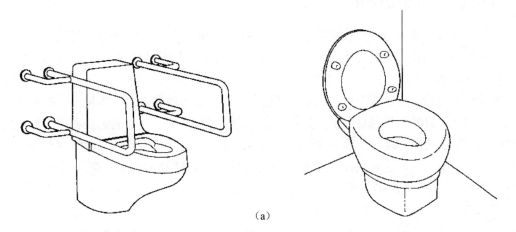

（a）

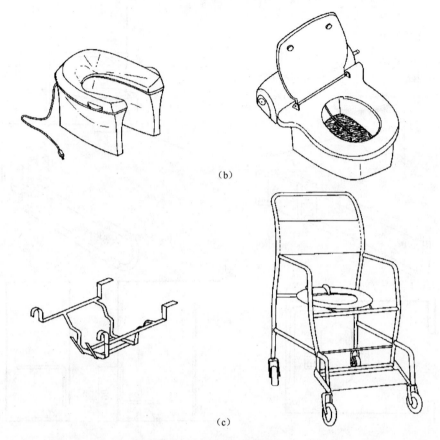

图 5-28　常见坐便器类型

（a）普通的便器高度与轮椅使用者专用便器的高度不同。为此也有安装可以调整高度的便器的；

（b）便器座板加上增温功能，这样可以提供一个温度适当的座板，也有用温水、温风、
自动清洗装置的便器，但是这对下半身无感觉的人来说也是一个危险，需要注意；

（c）在空间被限定的厕位内，像这样移乘到专用便器的情况也有。辅助的便器能够替换的话，
在寝室内也可以利用。在这种情况下需要得到他人的帮助

5.12.5　小便池的周围

男性轻度残疾者可以使用普通的小便器。尽管是轮椅使用者和能够短时间站立的人也能够使用普通的小便器，但是这些人站立是不稳定的，需要安装可以握住的杆或扶手。

（1）小便器

体量较大的地面直落式小便器谁都能够使用，而且也不容易弄脏。体量较小的壁挂式小便器，使用上不方便而且容易污染。另外，安装的位置较高时，儿童就无法利用。移动式临时蹲式两用便器周围的地面经常被弄脏，需要经常清扫。公共卫生间内经常能够看到小便器前面比地面高出一截，这是让使用者站立用的台阶，但是这种形式让有障碍者使用很不方便，如果可能，最好是不设高差。

（2）扶手

小便器周边安装扶手可以方便多数人的使用。在同时安装了几个小便器时至少要有一个

以上的小便器设置扶手。小便器前方的扶手是让胸部靠在上面的，扶手尽可能靠近小便器，高度在 1.20m 左右较为合适。小便器两侧的扶手是让使用者扶着用的，最好是间隔 0.60m，高 0.83m 左右。扶手下部的形状要充分考虑轮椅使用者的通行，也应该考虑挂拐杖者使用方便。扶手安装必须坚固。

（3）清洗装置

自动清洗装置十分方便。除此之外，还应考虑上肢行动不便的使用者容易操作（最好是按压式等）。

（4）便携式小便器

因为男性轮椅使用者中有使用便携式小便器的人，便携式小便器最好放在轮椅使用者专用厕位。

（5）地面材料

小便器周围容易弄脏，需要考虑可以用水冲洗，要有地面排水坡度和排水沟等。地面材料选择的要求是：在地面被水弄湿的情况下也能够防滑。

小便池的设置详如图 5-29、图 5-30 所示。

（a）

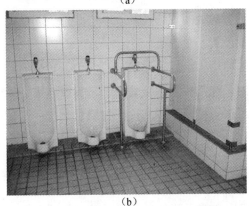
（b）

（c）

图 5-29　小便器扶手实例

（a）在小便器处设置扶手的实例：在这类设施中，为了满足身体尺度不同的残疾者，可按不同尺寸
的顺序安装扶手。尽管在一些特定的设施中有这种装置，但是它不是针对一般设施的实施对策；

（b）安装扶手的小便器；

（c）小便器的扶手和脚踏台的设置实例：在小便器处安装扶手的同时，也为视觉障碍者安装了脚踏台。
如果为视觉障碍者再做更细致的考虑，到达这里，路上的标志和排除途中的一些障碍物是关键

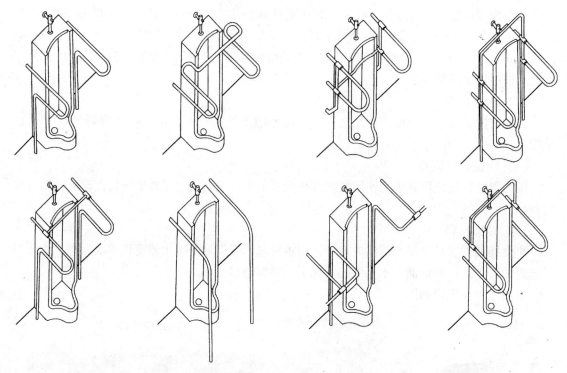

图 5-30 小便器扶手类型

在这里列举的扶手类型是从一些实例及方案中挑选出来的。这些均是以
防止左右前后摔倒时起支撑身体、位置确认等功能为中心而设计的类型

5.12.6 洗面器及洗手池

洗面器及洗手池需要考虑轮椅使用者及行动不便的人使用方便。在同一个卫生间内设置多个洗手池时，应为使用轮椅及行动不便的人分别设置一个以上。

轮椅使用者如果不把腿部伸入池下的话就无法使用，最好采用壁挂式。为了轮椅更容易接近，器具前部做成薄形的更为理想。行动不便的人经常用单手扶着池子来支撑体重，最好是采用镶入台中或者是在周边设置扶手的方式。对于轮椅使用者来说，如果装上扶手，会感到不方便。

（1）安装尺寸

轮椅使用者一般要求洗手池的上部高度为 0.80m 左右，池底高度为 0.65m 左右，进深 0.55～0.60m 左右时使用较方便。洗手池采用一般用和兼用两种形式都可以，行动不便的人用的洗手池与一般人使用的高度一样。如果有儿童使用的设施，它的高度要根据儿童使用的高度来决定。

（2）存水弯

因为轮椅的脚踏板容易发生碰撞，存水弯管最好选用短管形式或横向弯管的形式。

（3）扶手

如果行动不便者使用壁挂式洗手池，需要在洗手池的周围安装扶手。如果是镶嵌式的最好也安装上扶手。扶手的高度要求高出洗手盆上端 300mm 左右，横向间隔 600mm 左右，洗手池前端与扶手间隔 100 ~ 150mm 左右。扶手的下部形状最好不妨碍轮椅的通行。另外还需要考虑扶手可以靠放拐杖。扶手要承担身体的重量，需要安装牢固。

（4）水龙头开关

上肢行动不便的人不能用旋转式开关，因为很难全部关上。最好采用把手式、脚踏式或者自动式开关。如果是热水开关，需要标明水温标志和调节方式，给水管采用隔热材料进行保护。

（5）镜子

轮椅使用者的视点较低，镜子的下部应距地面 0.90m 左右或者将镜子向前倾斜。

洗手盆的设施及设备安装如图 5-31 ~ 图 5-33 所示，龙头的种类如图 5-32 所示。

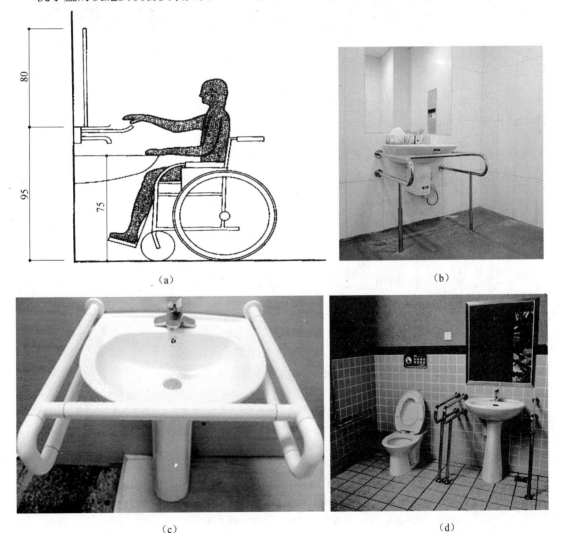

（a）　　　　　　　　　　　　　　（b）

（c）　　　　　　　　　　　　　　（d）

（e）

（f）　　　　　　　　　　　　　　　（g）

图 5-31　轮椅使用者使用的洗手盆实例（单位：cm）

（a）洗脸池的安装需要根据轮椅使用者的使用特点，来决定洗脸池及镜子的高度。

另外，洗脸池下部留出可以伸进轮椅脚踏板的空间也是很重要的（单位：cm）；

（b）室内安装的洗脸池处设置扶手。镜子的位置比通常的高度要低。室内安装的镶嵌式洗脸池。

特别注意洗脸池下方有可以伸进轮椅脚踏板或者临时存放物品的空间；

（c）在厕所内的洗脸池周边安装扶手；（d）在厕所内的洗脸池两侧安装扶手，镜子呈30°

角向前倾斜，考虑到了轮椅使用者的利用，开关也采用把手式；

（e）因为倾斜镜面共用不很理想，只在需要的部分把它全部做到底部的例子；

（f）洗脸池的高度可以调整的例子；（g）洗脸池的扶手虽然很简单，但是又可以

当作挂毛巾的架子。洗脸池的水龙头开关调整可以放在前面进行操作的例子

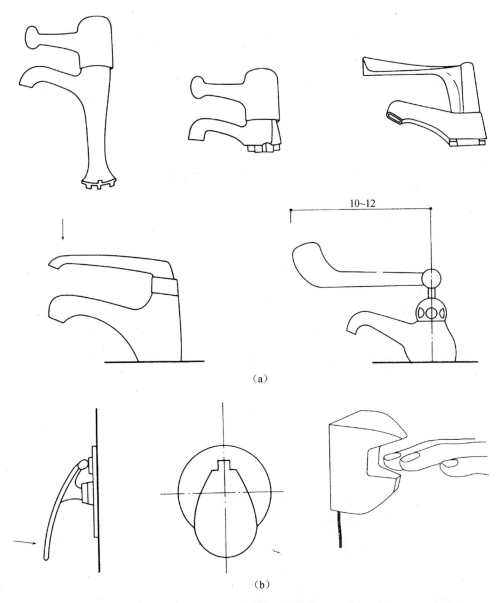

（a）

（b）

图 5-32　水龙头开关种类

（a）把手式水龙头开关的实例：水龙头开关采用把手式是为手指不自由的人使用提供方便，
把手的把较长的话，不用握住把手也可以通过手背开关水龙头（单位：cm）；

（b）大便器或小便器开关的下压式把手，用手背或手肘也可以使用（单位：cm）；
自动开关装置：这种装置对上肢行动不便的人或高龄者来说使用很方便。但是，
如果不进行维护管理，会引起故障或机械装置老化等问题，需要注意

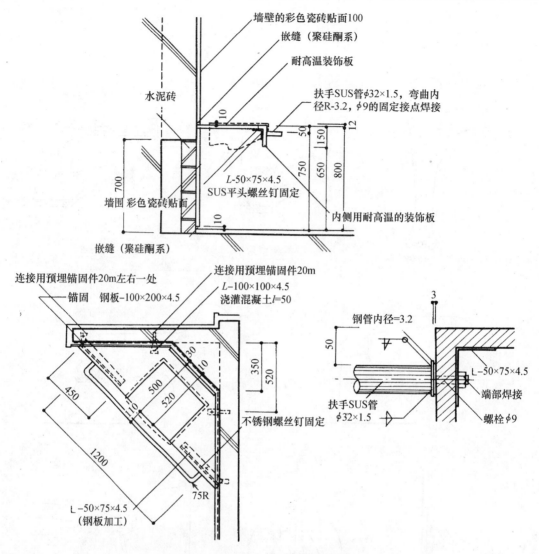

图5-33　洗手盆安装实例（单位：mm）

池子做成镶嵌式并设置在厕所间，是一种可以供坐轮椅者使用的洗手池

5.12.7　浴室、淋浴间

残疾者洗澡是一件很困难的事。脱衣服不自由，出入浴池也很困难，舀热水冲洗又太重，毛巾也拧不干。水热了有烫伤的危险，抹肥皂又会有摔倒的危险。但是，洗澡既能净身又能放松关节，使人们精神焕发。

为了让残疾者能够洗澡，至少应该在浴室的一端设置轮椅的停放空间。如果可能，最好留出照顾者的操作空间。私人住宅可以根据残疾者的情况设计浴室，小区住宅或不特定多数人使用的公共浴室设施应该考虑满足各种不同情况下供残疾人使用的多功能洗浴设施。

针对高龄者的需要，洗浴设施要避免温度的急剧变化，要考虑辅助的供暖设备。

（1）浴池、淋浴

浴池的选定要以浴池的出入难易程度和浴池内的稳定性为基本原则。中式浴池较深，出入不方便；西式浴池较浅，不能达到最佳的使用效果。这里推荐有座椅的和西式结合的浴池。残疾人公共浴池，浴池高度要与轮椅座高相同，并做成相同高度的冲洗台。另外在周边安装上扶手，这样可以使从轮椅到冲洗台更加容易，同时从冲洗台可以直接进入浴池。

在浴池中加上台阶、坡道、座椅、扶手等辅助设施，可以使入浴更加容易。对于长期卧床不起的病人来说，入浴时最好浴池三边都可以有照顾者站立的空间。

残疾者淋浴时，最简单的方法是利用带车轮的淋浴用椅子直接进入没有门槛的淋浴间，也可以利用带座椅的淋浴轮椅。

浴室、淋浴室的设计如图5-34～图5-39所示。

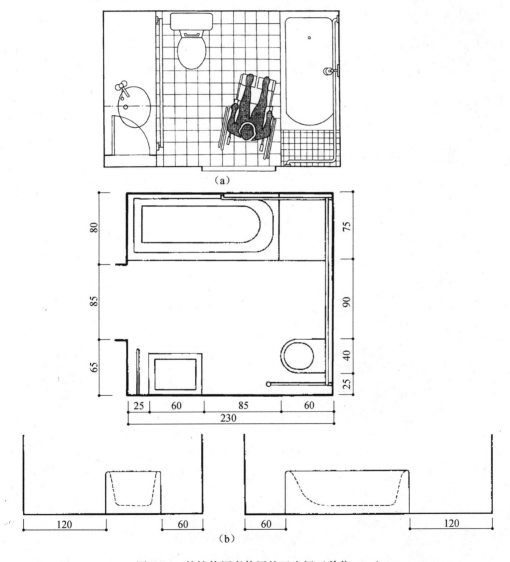

图 5-34　轮椅使用者使用的卫生间（单位：cm）

（a）住宅中，浴池、便器、洗脸池、梳妆台在一间屋中，紧凑合理，也容易确保轮椅
使用者的必要空间。但是，家中人数较多时，需要单独设置卫生间；

（b）浴池周边的基本单位：浴池的侧面为了能够横向停靠轮椅，需要有120cm长的空间。
为了给照顾者提供活动的空间，浴池与墙壁之间最低需要留出60cm的宽度

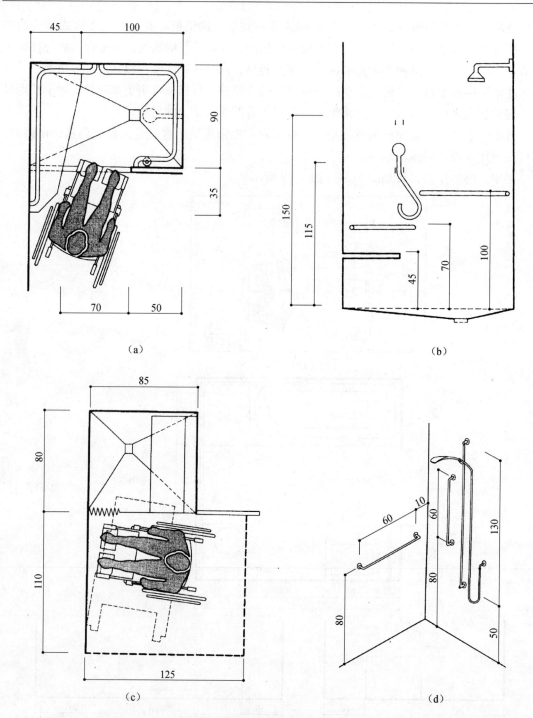

图 5-35 淋浴室实例（单位：cm）

（a）最小空间内设置的淋浴室：充分考虑轮椅的进出，并移乘到淋浴室内的座椅上进行淋浴（单位：cm）；

（b）淋浴室内的座台和扶手：考虑到从座台站立的需要，设置了两段高度不同的扶手，不仅要考虑水平向的扶手，
最好设置竖向扶手；（c）最小空间内设置淋浴室：与上个实例不同的是坐台的位置关系有些变化。
淋浴室门的类型及方便开关等都作为重要的探讨要素；

（d）在淋浴室内设置扶手的实例：水下扶手与垂直扶手各设一根。同时还考虑到淋浴的位置能够进行上下调整

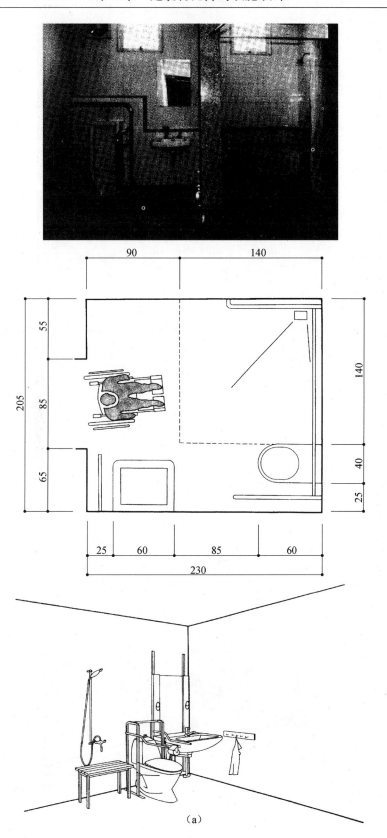

（a）

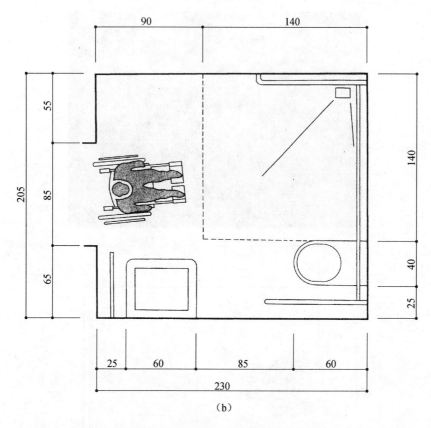

(b)

图 5-36 卫生间与淋浴室共室的设计实例（单位：cm）

（a）体育馆的厕所内设置淋浴室的实例：从轮椅移乘到淋浴室内的座台并使用淋浴室。这个实例的问题是卫生间与淋浴
室间用塑料窗帘隔开，很难确保使用者的私密，为了避免地面高差而进行的补救工作并不理想，排水不十分有利；

（b）淋浴器与便器、洗脸池设置在同一房间的实例

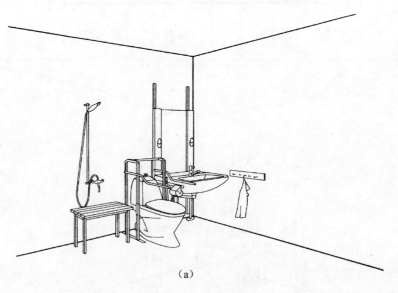

（a）

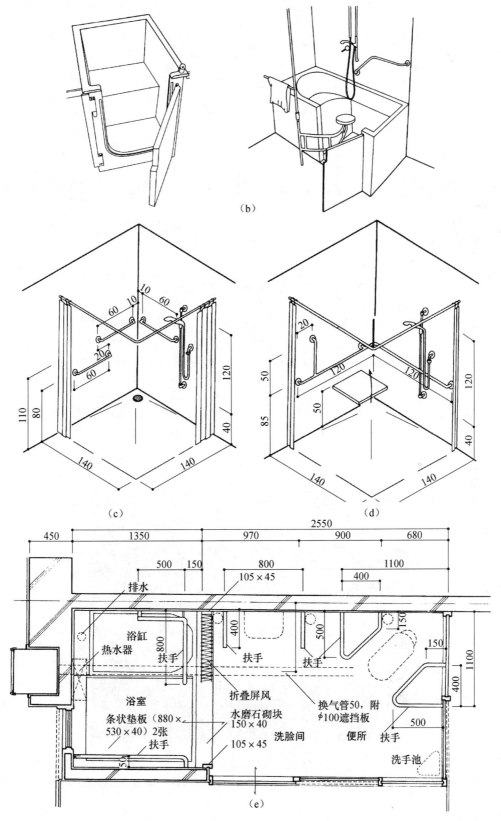

（b）

（c）

（d）

（e）

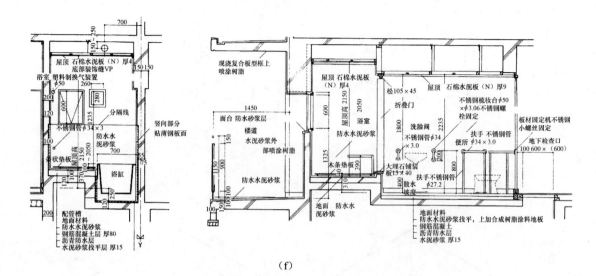

（f）

图 5-37　淋浴室及卫生间设备安装

（a）淋浴喷头的高度、便器周边的扶手高度及洗脸池的高度能够自由调整的特殊实例；

（b）为不能跨入浴缸的人提供的专用浴缸，把浴缸的侧面打开，

把身体移进浴缸，并坐在里面，然后把侧面关上，放入热水洗澡；

（c）淋浴室内的扶手实例：水平扶手分两个不同高度进行设置（单位：cm）；

（d）能够折叠的座台。从这里站立起来时需要垂直的扶手（单位：cm）；

（e）与上一个例子很相似，同样是把身体移入浴缸，从图上可以看到，

它充分地利用了旋转椅子的原理（单位：mm）；（f）在住宅小区内设置的专供残疾人使用的

浴室实例：同一间房内设置了便器和洗脸池。浴室与其他部分通过折叠屏风进行隔离，

浴室部分的地面考虑到轮椅的移乘方便，抬高了40cm左右（单位：mm）

图 5-38　医护设施浴室实例

考虑到轮椅移乘的关系，设置了抬高的冲洗场所。浴缸的周边及进入浴缸的台阶部分设置了扶手。

120

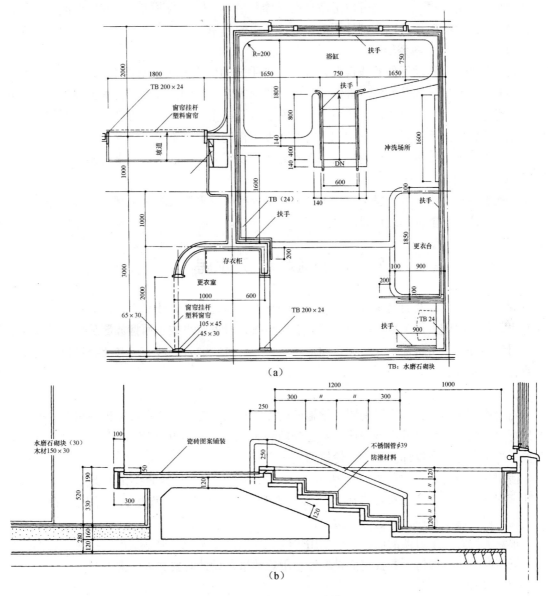

图 5-39　浴缸出入口设计

（a）、（b）浴缸出入口处设置带扶手的台阶。在台阶的端部采用防滑瓷砖。考虑到轮椅移乘的方便，
把擦洗台抬高，同时考虑到轮椅脚踏板的部分向外突出，做成合理的连接形式（单位：mm）

（2）材料、铺装

浴池内及浴室的地面容易打滑，在选择铺装材料时要特别注意。浴室除采用防滑材料外，还应该考虑排水沟和排水口的位置，尽量避免肥皂水在地面漫流。

（3）扶手

浴室及淋浴室的扶手能起到保持身体平衡、站立容易等重要功能。不同方向的扶手有着不同的功能，一般来说，水平扶手是用来起支撑作用的；而垂直扶手是用来起牵引作用的；弯曲或倾斜的扶手具有支撑及牵引两种功能。在进出浴池时，最好使用水平和垂直两种形式扶手的组合。为方便移动，还可以考虑采用吊棒及吊环。较大的淋浴室最好四周的墙面上都安装扶手。扶手有时还可以起到拧干毛巾或挂毛巾的作用。

（4）供水开关、淋浴器

为了方便上肢行动不便的残疾者，宜设置把手式的供水开关。淋浴器的开关有两阀式、自动热源控制调节式和单握式。淋浴器有可动式和固定式两种，设计时可根据残疾人的不同情况进行选择。例如，轮椅使用者由于不能站立，希望在较低处安装可动式淋浴器。如果是腿不能弯曲的半瘫者，安装位置不到一定的高度，在使用上会不方便。在公共的残疾者使用的大浴室中，最好把半瘫者或轮椅使用者等分开，设置多种不同形式的淋浴器。

（5）紧急呼救

残疾者在浴室中有可能发生身体不适、摔倒等事故，需要设置紧急呼救装置，呼救装置最好是在浴池中手能够到的位置。

5.13　厨房、开水房

现代的厨房设计及厨具摆放有越来越自动化的发展趋向，但残疾人使用的厨房要以安全和使用方便为原则，过于复杂的厨具容易引发事故，过道窄小或东西摆放零乱也容易发生事故。厨房最好是便于整理，并有一定的空间。另外，既要适合一般人，又能满足行走不便的人或轮椅使用者利用。

（1）布置

轮椅不能横向移动，所以说厨房设施横向配置时，轮椅使用者会反复出现后退、前进或者是把轮椅侧放、用单臂进行操作。考虑到轮椅可以旋转，最好采用"L"形或"U"形的布置。总而言之，在设计上要保证轮椅的旋转空间。

使用拐杖或行走不便的人可以利用"二"形或"U"形两侧的操作台支撑身体。由于离开了拐杖，保持直立会有一定困难，加上扶手或装有安全带的设施将会给使用者带来方便。也可以考虑坐在椅子上进行厨房工作。

视觉障碍者如果习惯的话，也可以用煤气、天然气等做饭，但是如果厨具等总是不放在同一场所同一位置的话，寻找它们是一件很困难的事，设计时要加以考虑。

（2）操作台的高度

如果是轮椅的使用者坐着进行操作的话，操作台的高度应在 0.75～0.85m 之间，但是对于一般人来说，这个高度就显得过于低矮了，最好是可以调节操作台的高度，或考虑设置其他操作面或抽拉式操作台。

（3）水池

底部可以插入双腿的水池能够让轮椅使用者正确接近使用它。行走困难的人或老年人在水池前放上椅子可以坐着洗涤。温水和排水管加上保护材料，使那些脚部感觉不很敏感的人碰到发热的管子也不会受伤。另外在这个空间不被使用时，可以考虑作为可移动式贮藏箱的停放场所。

（4）冰箱

门很大的冰箱对于轮椅使用者来讲是件不容易的事，如果是向两侧打开的两扇门的话，从正面接近就有可能。

（5）烤箱

与操作台同高的组合式烤箱可以为行走不便者及轮椅使用者的利用提供方便。安装在微波炉下方的烤箱对于轮椅的使用者来说，可能会烫伤脚，行走不便者或老年人不弯腰就无法用手够到，显然这不是理想的位置。与操作台同高的烤箱，轮椅使用者很容易接近它，并从烤箱内的架子上取出食品放在操作台上，这是一个很好的高度。烤箱底部装有可以伸缩的挡板，能够起到不易翻倒或防止溢出来的液体烫伤脚的作用。

（6）灶台

灶台的控制开关最好放在前面。各种控制开关按功能分类配置，调节开关是有刻度的，最好能够明确火力强度。对视觉障碍者来说，最好是有温度鸣响器来提示。因为轮椅使用者伸手可及的范围有限，手伸过灶头或热锅时，特别容易发生危险，灶台的高度对轮椅使用者来说 0.75m 左右最为合适，因为过高时会有被溢出来的汤烫伤的危险。在灶台的下方，避免设置可让轮椅使用者腿部伸入灶台下的空间。沿灶台前面的边缘作一个挡板，可以减少被溢出来的热汤烫伤的危险。用煤气和天然气来做饭是最常见的，但是老年人的嗅觉不是很敏感，不能闻出未燃烧的气体，因此在燃气栓处一定要安装安全装置。另外，像自动电饭锅最好也附加自动断电装置。

（7）储藏空间

平开门的柜子，打开门时容易与人体发生碰撞，特别是易碰到头部，必须安装推拉门。残疾人的手可以触摸到的范围虽然是有限的，但如果把与正常人一起使用作为前提的话，其储藏空间延伸到屋顶也是可行的。

厨房的布置如图 5-40 所示。

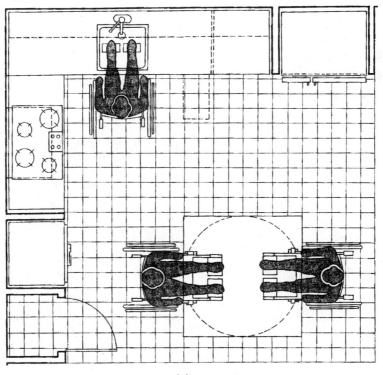

（a）

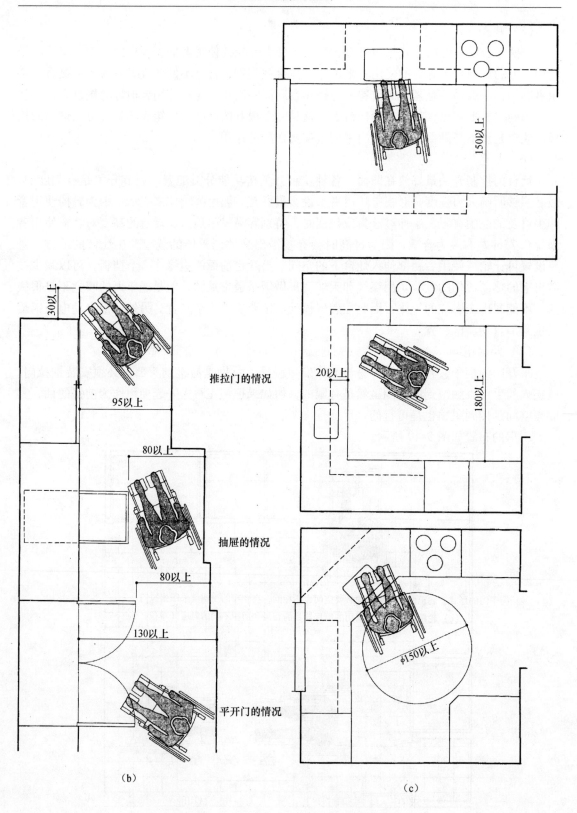

推拉门的情况

95以上

80以上

抽屉的情况

80以上

130以上

平开门的情况

（b）

150以上

20以上

180以上

φ150以上

（c）

124

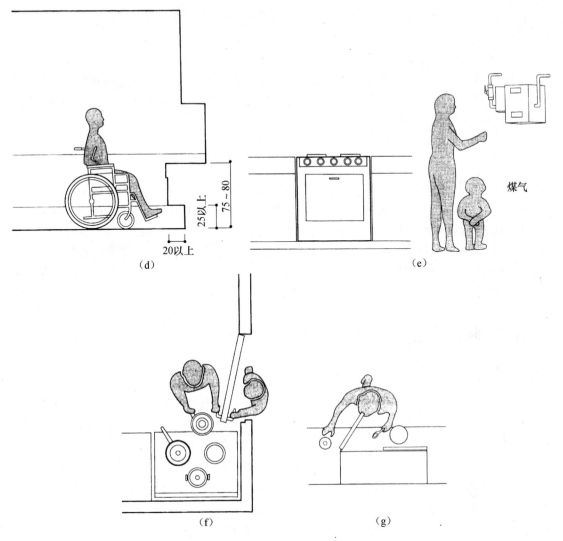

图 5-40　厨房布置

（a）厨房的布局：最好是把包括轮椅旋转的空间考虑在内的宽松配置；

（b）根据柜子门的形式，轮椅使用者利用的必要空间也不相同，在狭窄的房间里采用推拉门比平开门好（单位：cm）；

（c）轮椅使用者能够利用的厨房器具的布局和面积不同的厨房（单位：cm）；

三个实例的面积及厨具布置各不同，但都适合轮椅者使用；

（d）轮椅可以利用的灶台断面：需要在灶台下部留出可以插入轮椅踏脚板的空间（单位：cm）；

（e）各种控制开关应该根据使用者的方便进行系统地配置。因为煤气较危险，所以在使用过程中要求对煤气表、

开关、煤气保险装置、自动灭火装置等全部进行周密的管理和维护；

（f）厨房间内，操作台是最危险的，必须处理好它的布局；（g）开关式的橱柜门，会发生碰头的危险，最好采用推拉门

5.14　家具、器具及设备

对于家具的考虑要求在设计建筑时同时进行。无论是怎样的家具都需要以残疾者使用方便为目标，另外必须避免因为这些设施引发的伤害或危险。只有合理系统地配置家具和器具

125

才能提高房间的使用价值，与此同时，方便视觉障碍者的使用也必须考虑在内。

（1）触摸式平面图

建筑物的出入口附近，如果设置表示建筑内部空间划分情况的触摸式平面图（盲文平面图）的话，视觉障碍者就可以较容易地确定自己的位置，也可以弄清楚要去的地方。如果是在触摸式平面图处安装发声装置，或触摸式平面图中设置发声按钮，那就更理想了。当然，触摸式平面图以外的指示板也不能没有，这些指示板要根据轮椅使用者阅读高度进行安装。

（2）服务台

服务台一般是为了满足物品的传递，填表登记等要求，同时也是为了进行对话而设置的。其对应的内容不同，服务台的形式也不同。对于轮椅使用者来说，服务台如果高度不在0.80m左右，下部不能插入轮椅脚踏板的话，使用起来会很不方便。对于拐杖使用者来说，需要设置座椅及拐杖靠放的场所。如果是站立着进行对话的话，服务台的高度最好同时能支撑不稳定的身体或另设扶手。讲话人与听话人之间尽可能保持近距离，如果在其间设置一面玻璃隔墙的话，会影响互相间的对话交流，特别是视觉障碍者很难确认玻璃隔墙的有无，会导致找不到窗口的位置等问题的发生。

（3）桌子

桌子的下部要留出轮椅使用者脚踏板插入的必要空间。为了使桌子起支撑身体的作用，宜做成固定式或不易移动的形式。

（4）橱柜类家具

橱柜类家具要做得大一些，要有一定的备用空间，所有东西存放位置如果都固定的话，寻找起来十分容易。其高度设计视具体情况而定，在比较窄的空间可以利用从地面到屋顶的全部空间，但要根据轮椅使用者、步行不便者、健康人的各种情况，手可以够到的高度有从最低到最高的范围差。另外，高龄者使用的设施，如橱柜家具，手够不到的位置，不仅只是不便使用的问题，而且还要考虑站在桌椅上使用时容易摔倒造成骨折等问题。轮椅使用者经常使用的设备不要放在角落处，同时还要考虑到确保轮椅使用者开关橱柜类家具时必要的空间。如果考虑轮椅使用者的使用，书架类的进深最好在0.40m以下。碗柜上部的门最好采用横拉门或上下拉门，这样就不会发生打开的门撞头的危险，为了便于清洁，表面宜做成硬质的。另外，为了不给视觉障碍者造成麻烦，宜做成反光较少或反射较少的表面。

（5）电话

建筑物内至少应有一部公用电话可以让轮椅使用者使用。对于轮椅使用者来说，坐在轮椅上手可以投币，话筒能够以很舒适的姿势操作，电话机的中心应设置在距地面0.90～1.00m的高度，电话台的前方有确保轮椅可以接近的空间。轮椅使用者专用电话设置在较低的位置时，旁边可以设置折叠式的座椅，这样一般人也可以利用。在数个话筒中要有一个是为听力有困难的人而安装扩声器的，最好再附加上照明信号。对于视觉障碍者来说，最好是安装带有沟状或凸起物的转盘式或按钮式电话机。对于行动不便的人来说，为了站立时的安全，两侧要设置扶手，并提供拐杖靠放场所。

（6）饮水器

为了使轮椅使用者喝水更加容易，饮水机的下方要求留出能够插入脚踏板的空间。比嵌入墙壁中的饮水器更好的是从墙壁中突出的饮水器，但是这样会给视觉障碍者的通行带来一定的麻烦，最好配置在离开通行路线的凹陷处。饮水器及开关统一设置在前方，开关最好是既可以用手也可以用脚来操作。饮水器的高度为 0.70～0.80m。

（7）自动售货机

自动售货机一般都是建筑物完成后作为附加设施进行设置的，如果可能，最好是有计划的配置。操作按钮的高度为 1.10～1.30m，同时为了确保轮椅使用者能够接近，其前方应留有一定的空间。自动售货机的下方为了能使轮椅脚踏板插入，应留出一定的空间。取物口及找钱口的位置应高于地面 0.40m 以上。

（8）控制按钮

建筑中的控制按钮需要考虑残疾者也能操作。轮椅使用者与行动不便的人主要的区别之一是手能够到的范围不同。坐在轮椅上手能够到的范围要比站立者低，所以说，主要的控制按钮的高度必须设置在轮椅使用者和站立的行动不便者共同可以够到的范围内。电灯开关、自动热源控制温度调节装置、电动脚踏开关、火灾报警器、急救报警器、冷暖控制开关、窗口的关闭装置、窗帘开关等所有的控制系统需要做成使用容易的形状和构造，并设置在距地面 1.20m 以下，轮椅使用者和行动不便者双手都能够到的地方。另外，同一用途的控制开关，在同一建筑物内尽可能是统一的同一种设计。与此同时，比凸起状指示牌、文字或标志等更简单的控制开关其内容要有明确说明，特别是需要考虑视觉障碍者操作上的方便。

家具、公共设施的布置如图 5-41～图 5-44 所示。

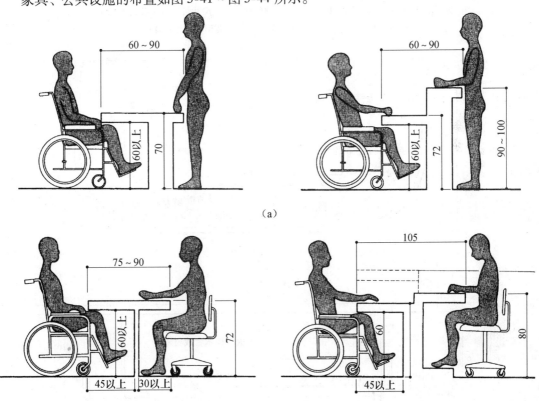

（a）

（b）

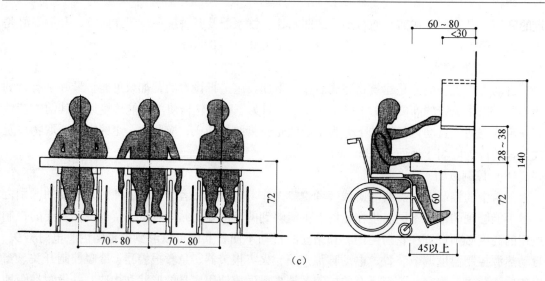

(c)

图 5-41　家具、器具布置

（a）服务台的基本单位：考虑到轮椅使用者与站立接待者之间的关系，根据不同情况分别设定不同的高度（单位：cm）；

（b）服务台的基本单位：考虑到轮椅使用者与坐着的接待者之间的关系，根据不同情况分别设定不同的高度（单位：cm）；

（c）桌子的基本单位：桌子高72cm，下方留出的空间应以高于地面60cm以上、进深45cm以上作为标准。

　　　轮椅使用者一个人的使用幅宽最好设定为70～80cm。

　　　与墙壁相接的桌子基本单位：这种类型的桌子基本尺寸最好与一般桌子相同，

　　　如果是前方附加有书架时，其位置与尺寸需要引起注意（单位：cm）

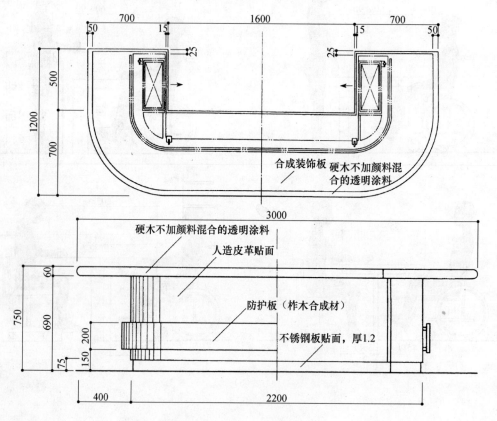

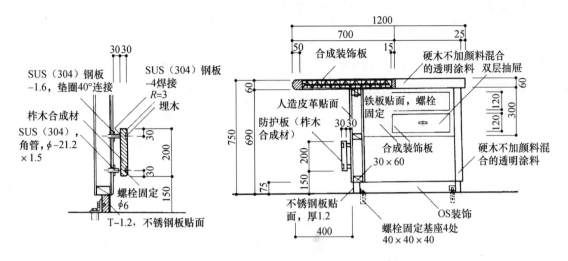

图 5-42　服务台（单位：mm）

服务台的例子：考虑轮椅使用者的使用，服务台的高度比通常要低，

服务台下方需要留出轮椅脚踏板的活动空间及设置防护板等

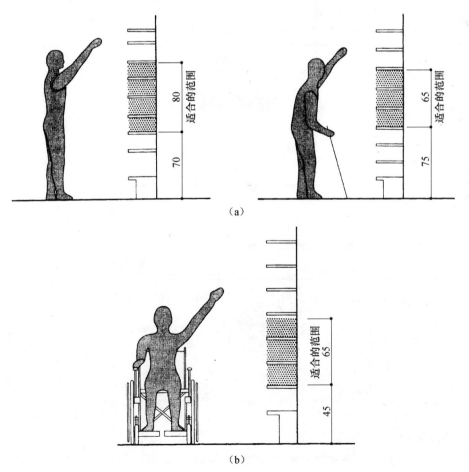

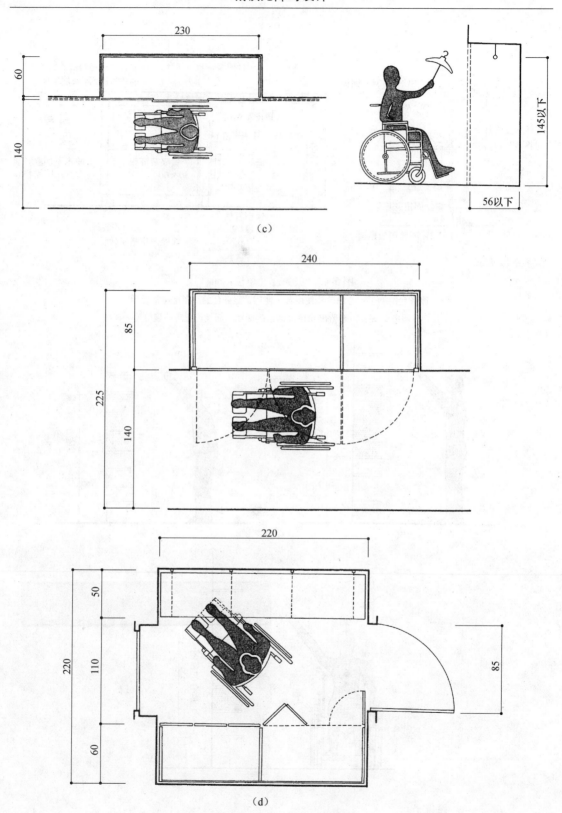

（c）

（d）

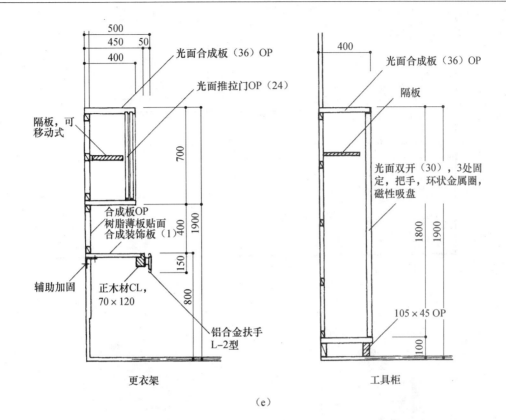

更衣架　　　　　　　　　　　工具柜

（e）

图 5-43　橱柜、衣柜设计

（a）健康人容易使用的橱柜高度范围；拐杖使用者容易使用的橱柜高度范围（单位：cm）；

（b）轮椅使用者容易使用的橱柜高度范围（单位：cm）；

（c）考虑到轮椅使用者的使用，衣柜空间的实例（单位：cm）；

（d）考虑到轮椅使用者的使用，橱柜空间及周边空间的实例（单位：cm）；

（e）橱柜空间：左是更衣柜，右是放工具的实例（单位：mm）

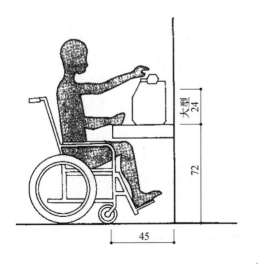

（a）

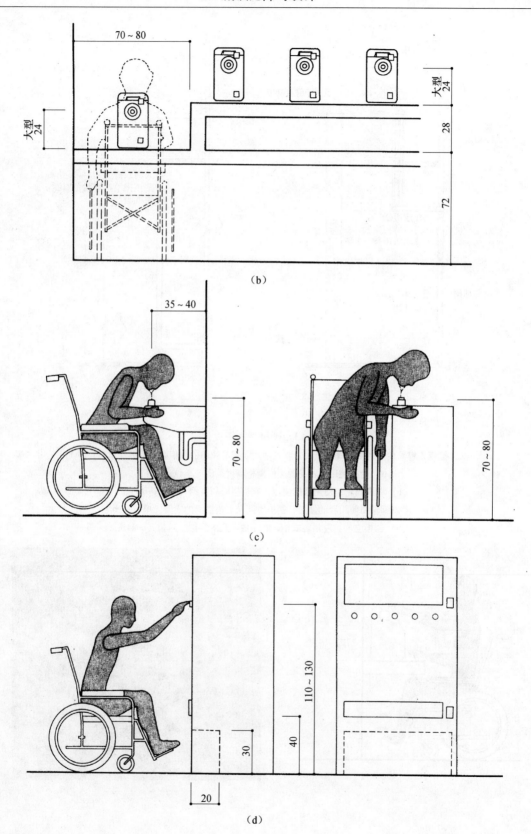

（b）

（c）

（d）

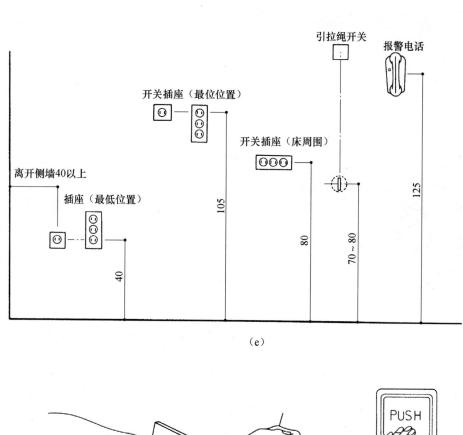

（e）

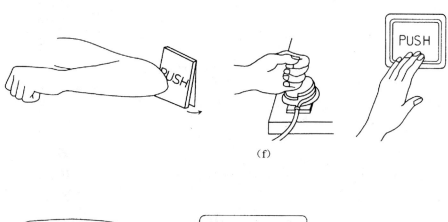

（f）

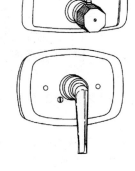

（g）

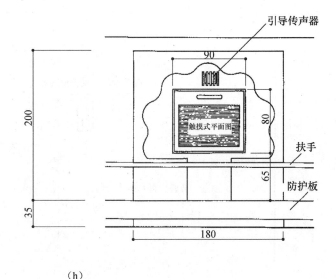

（h）

图 5-44　公用设施设计实例

（a）电话台的高度：下方考虑到轮椅能够插入。公用电话也留出轮椅插入的空间（单位：cm）；

（b）电话台的实例：如果是几台电话机放在一排的情况，如图所示，在一端设置轮椅使用者可使用的电话机（单位：cm）；

（c）饮水器的实例：需要考虑饮水器的高度，下方轮椅插入的空间。同时也需要考虑水龙头的形式（单位：cm）；

（d）自动售货机的实例：需要注意硬币投入口、找钱口、选择商品按钮、商品取出口的高度。对于轮椅使用者来说，高度应设置在 40~130cm 的范围之内。另外，下方还需要留出可供轮椅脚踏板插入的空间。在探讨视觉障碍者也能使用的按钮形状的同时，也应考虑设置盲文标志（单位：cm）；

（e）控制按钮的安装高度：以轮椅使用者的使用为基准进行设计，同时也需要考虑防止幼儿乱按。

另外不仅仅是考虑高度的问题，如果侧面有墙的情况，一定不要忘记留出一定的空间（单位：cm）；

（f）按钮的构造，应该根据残疾的类型及程度，综合考虑它的功能要求。对于健康者来说，用手按开关是较为普通的，除此之外，利用身体的其他部分也能进行开关，这是必须进行开发的；

（g）把手式水龙头开关的实例：供热装置的水龙头开关，最好是采用温度确认、操作简单、精确的产品；

（h）自动售货机实例指示牌的实例：这个指示牌设置在电梯厅，对于健康人或视觉障碍者来说，为了能够传达馆内的情报，设置了引导传声装置。指示牌本身利用点字标志（盲文）做成触摸式平面图（单位：cm）

5.15　轮椅席

在会堂、法庭、图书馆、影剧院、音乐厅、体育场馆等观众厅及阅览室，应设置残疾人方便到达和使用的轮椅席位，这是落实残疾人平等参与社会生活及共同分享社会经济、文化发展成果的重要组成部分，因此在无障碍设计中必须要体现出来。

（1）会堂、报告厅、法庭、图书馆、影剧院、音乐厅、影剧院及体育场馆等建筑的轮椅席，应设在便于疏散的出入口附近。

（2）影剧院可按每 400 个观众席设一个轮椅席。最好将两个或两个以上的轮椅席位并列布置，以便残疾人能够陪伴和便于服务人员照料，会堂、报告厅及体育场馆的轮椅席，可根据需要设置。

（3）轮椅席位深为 1.10m，宽为 0.80m，如图 5-45 所示。

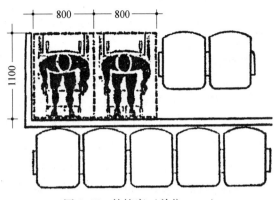

图 5-45　轮椅席（单位：mm）

（4）轮椅席位置的地面应平坦无倾斜坡度，如果周围地面有高差时，宜设高为 0.85m 的栏杆或栏板。

（5）轮椅席位应设在便于到达疏散口及通道的附近，不得设在公共通道范围内。

（6）观众厅内通往轮椅席位的通道宽度不应小于 1.20m。

（7）轮椅席位的地面应平整、防滑，在边缘处宜安装栏杆或栏板。

（8）每个轮椅席位的占地面积不应小于 1.10m×0.80m。

（9）在轮椅席位上观看演出和比赛的视线不应受到遮挡，但也不应遮挡他人的视线。

（10）在轮椅席位旁或在邻近的观众席内宜设置 1∶1 的陪护席位。

（11）轮椅席位处地面上应设置无障碍标志，无障碍标志应符合规范要求。

5.16　停车场及停车车位

汽车停车场是城市交通和建筑布局的重要组成部分。设置在地面上或是地面下的停车场地，应将通行方便、距离建筑出入口最近的停车车位安排给残疾人使用，具体考虑如下所述。

5.16.1　有残疾人通道的停车场

有残疾人通道的停车场，应该用标志牌明确标出残疾人通道的停车场停车位位置，停车位应尽量靠近残疾人通道，如有可能，上面加顶棚，停车场停车位要有一定宽度，以供坐轮椅者上下汽车使用。停车场停车位应为方便残疾人使用而设计，应在停车场入口明确标示出来，国际通用的轮椅使用者通道的标志，是用黄色或白色的标志牌，至少有 1.40m 高。

应在靠近停车场停车位的墙上或标志牌上标示出残疾人预留停车位标志。使用 50mm 高的蓝色背景下的白色的大写字体。

指示通往残疾人通道的停车场标志，应该采用国际残疾人通道标志，字体高度至少为 75mm，大写与小写字体并用。

路边停车场：平行式停车的车道应有进入车辆后部的通道，因为轮椅通常放在车辆后部，因此面积至少为 6.60m（长）×2.40m（宽）（最好是 3.30m 宽）。如果能使残疾人直接上人行道，那么 2.40m 宽的停车位就足够了。但是，在残疾人司机或乘客下车的路边，应提供一个 3.30m 宽的停车位。

5.16.2　停车车位

（1）残疾人停放机动车的车位，应布置在停车场（楼）进出方便的地段，并靠近人行通道，无障碍机动车停车位的地面应平整、防滑、不积水，地面坡度不应大于1∶50。

（2）残疾人停放车位的一侧，与相邻车位之间，应留有轮椅通道，其宽度不应小于1.20m，供乘轮椅者从轮椅通道直接进入人行道和到达无障碍出入口。如设两个残疾人停车车位，则可共用一个轮椅通过。

（3）停车位和乘降区应以黄色清楚地标示，以便与标准停车位区分开来。在路面和标志牌上或墙上，以国际残疾人通道标志标示出每一个停车位。标志上亦应说明要进行定期检查，以确保只有残疾人使用这些停车车位。

（4）残疾人可进入的商店和建筑物的停车场车位分配规定如下（建议）：

每25个停车位，1个加宽的停车位；

每50个停车位，2个加宽的停车位；

每75个停车位，3个加宽的停车位；

每100个停车位，4个加宽的停车位；

超过100个停车位的大型停车场，停车位应酌情设置。

（5）无障碍机动车停车位的地面应涂有停车线、轮椅通道线和无障碍标志。

残疾人停车场停车位应该有一个1.20m宽的乘降区，在停车位的后部标出。有残疾人通道的停车位可以与标准尺寸的停车位一起排列，共用两车道间的1.20m宽的乘降区。乘降区应用黄色交叉线在路面上清楚地标示出来。

（6）残疾人停车的车位，应有明显的指示标志，如图5-46所示。

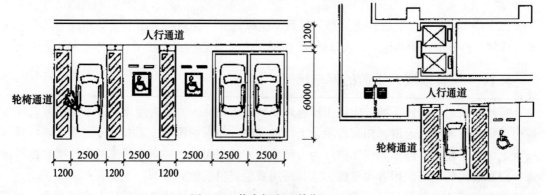

图 5-46　停车标志（单位：mm）

思考题

1. 对供残疾人使用的走道设计有哪些要求？
2. 对拄拐者和视力残疾者使用的楼梯如何设计？
3. 如何考虑供残疾人使用的停车场停车位？

第6章 城市广场及绿地无障碍设计

6.1 概述

城市广场的无障碍设计范围是根据《城市道路工程设计规范》（CJJ 37—2012）（以下简称"规范"）中城市广场篇的内容而定，并把它们分成公共活动广场和交通集散广场两大类。城市广场是人们休闲、娱乐的场所，为了使行动不便的人能与其他人一样平等地享有出行和休闲的权利，平等地参与社会活动，应对城市广场进行无障碍设计。

城市广场及绿地是城市场地设计的重要内容，但无障碍设计又是城市广场及绿地设计的主要组成部分，对其进行无障碍设计的范围应包括以下内容：

（1）公共活动广场；

（2）交通集散广场；

（3）城市中的各类公园，包括综合公园、社区公园、专类公园、带状公园、街旁绿地等；

（4）附属绿地中的开放式绿地；

（5）对公众开放的其他绿地。

6.2 一般规定

随着我国机动车保有量的增大，乘轮椅者乘坐及驾驶机动车出游的几率也随之增加。因此，在城市广场的公共停车场应设置一定数量的无障碍机动车停车位。无障碍机动车停车位的数量应当根据停车场地大小而定。广场的无障碍设施处应设无障碍标志，带指示方向的无障碍设施标志牌应与无障碍设施标志牌形成引导系统，满足通行的连续性。

在对城市广场及绿地无障碍设计时首先了解它的实施范围和一般性规定，对于细部设计应参照 CJJ 37《规范》进行。

6.3 实施部位和设计要求

6.3.1 城市广场无障碍设计

（1）城市广场的公共停车场的停车数在 50 辆以下时应设置不少于 1 个无障碍机动车停车位，100 辆以下时应设置不少于 2 个无障碍机动车停车位，100 辆以上时应设置不少于总停车数 2% 的无障碍机动车停车位。

（2）城市广场的地面应平整、防滑、不积水。

（3）城市广场盲道的设置应符合下列规定：

①设有台阶或坡道时，距每段台阶与坡道的起点与终点 250～500mm 处应设提示盲道，其长度应与台阶、坡道相对应，宽度应为 250～500mm；

②人行道中有行进盲道时，应与提示盲道相连接。

（4）城市广场的地面有高差时坡道与无障碍电梯的选择应符合下列规定：

①设置台阶的同时应设置轮椅坡道；

②当设置轮椅坡道有困难时，可设置无障碍电梯。

（5）城市广场内的服务设施应同时设置低位服务设施。

（6）男、女公共厕所均应满足 CJJ 37《规范》第 8.13 节的有关规定。

（7）城市广场的无障碍设施的位置应设置无障碍标志，无障碍标志应符合《规范》第 3.16 节的有关规定，带指示方向的无障碍设施标志牌应与无障碍设施标志牌形成引导系统，满足通行的连续性。

6.3.2　城市绿地无障碍设计

在高速城市化的建设背景下，城市绿地与人们日常生活的关系日益紧密，是现代城市生活中人们亲近自然、放松身心、休闲健身使用频率最高的公共场所。随着其日常使用频率的加大，使用对象的增多，城市绿地的无障碍建设显得尤为突出，也成为创建舒适、宜居现代城市必要的基础设施条件之一。

依据现行行业标准《城市绿地分类标准》（CJJ/T 85），城市绿地分为城市公园绿地、生产绿地、防护绿地、附属绿地、其他绿地（包括风景名胜区、郊野城市绿地、森林城市绿地、野生动植物园、自然保护区、城市绿化隔离带等）共五类。其中，城市公园绿地、附属绿地以及其他绿地中对公众开放的部分，其建设的宗旨是为人们提供方便、安全、舒适和优美的生活环境，满足各类人群参观、游览、休闲的需要。因此城市绿地的无障碍设施建设是非常重要的；城市绿地的无障碍设施建设应该针对上述范围实施。

（1）公园绿地停车场的总停车数在 50 辆以下时应设置不少于 1 个无障碍机动车停车位，100 辆以下时应设置不少于 2 个无障碍机动车停车位，100 辆以上时应设置不少于总停车数 2% 的无障碍机动车停车位。

（2）售票处的无障碍设计应符合下列规定：

①主要出入口的售票处应设置低位售票窗口；

②低位售票窗同前地面有高差时，应设轮椅坡道以及不小于 1.50m×1.50m 的平台；

③售票窗口前应设提示盲道，距售票处外墙应为 250～500mm。

6.3.3　出入口的无障碍设计应符合下列规定

（1）主要出入口应设置为无障碍出入口，设有自动检票设备的出入口，也应设置专供乘轮椅者使用的检票口；

（2）出入口检票口的无障碍通道宽度不应小于 1.20m；

（3）出入口设置车挡时，车挡间距不应小于 900mm。

6.3.4　无障碍游览路线应符合下列规定

（1）无障碍游览主园路应结合公园绿地的主路设置，应能到达部分主要景区和景点，并宜形成环路，纵坡宜小于5%，山地公园绿地的无障碍游览主园路纵坡应小于8%；无障碍游览主园路不宜设置台阶、梯道，必须设置时应同时设置轮椅坡道；

（2）无障碍游览支园路应能连接主要景点，并和无障碍游览主园路相连，形成环路；小路可到达景点局部，不能形成环路时，应便于折返，无障碍游览支园路和小路的纵坡应小于8%；坡度超过8%时，路面应做防滑处理，并适宜轮椅通行；

（3）园路坡度大于8%时，宜每隔10.00~20.00m在路旁设置休息平台；

（4）紧邻湖岸的无障碍游览园路应设置护栏，高度不低于900mm；

（5）在地形险要的地段应设置安全防护设施和安全警示线；

（6）路面应平整、防滑、不松动，园路上的窨井盖板应与路面平齐，排水沟的滤水箅子孔的宽度不应大于15mm。

6.3.5　休憩区的无障碍设计应符合下列规定

（1）主要出入口或无障碍游览园路沿线应设置一定面积的无障碍游览区；

（2）无障碍游览区应方便轮椅通行，有高差时应设置轮椅坡道，地面应平整、防滑、不松动；

（3）无障碍游览区的广场树池宜高出广场地面，与广场地面相平的树池应加箅子。

6.3.6　常规设施的无障碍设计应符合下列规定

（1）在主要出入口、主要景点和景区，无障碍游览区内的游览设施、服务设施、公共设施、管理设施应为无障碍设施；

（2）游览设施的无障碍设计应符合下列规定：

①在没有特殊景观要求的前提下，应设为无障碍游览设施；

②单体建筑和组合建筑包括亭、廊、榭、花架等，若有台明和台阶时，台明不宜过高，入口应设置坡道，建筑室内应满足无障碍通行；

③建筑院落的出入口以及院内广场、通道有高差时，应设置轮椅坡道；有三个以上出入口时，至少应设两个无障碍出入口，建筑院落的内廊或通道的宽度不应小于1.20m；

④码头与无障碍园路和广场衔接处有高差时应设置轮椅坡道；

⑤无障碍游览路线上的桥应为平桥或坡度在8%以下的小拱桥，宽度不应小于1.20m，桥面应防滑，两侧应设栏杆。桥面与园路、广场衔接有高差时应设轮椅坡道。

（3）服务设施的无障碍设计应符合下列规定：

①小卖店等的售货窗口应设置低位窗口；

②茶座、咖啡厅、餐厅、摄影部等出入口应为无障碍出入口，应提供一定数量的轮椅席位；

③服务台、业务台、咨询台、售货柜台等应设有低位服务设施。

（4）公共设施的无障碍设计应符合下列规定：

①公共厕所应满足 CJJ 37《规范》第8.13节的有关规定，大型园林建筑和主要游览区应设置无障碍厕所；

②饮水器、洗手台、垃圾箱等小品的设置应方便乘轮椅者使用；

③游客服务中心应符合 CJJ 37《规范》第8.8节的有关规定；

④休息座椅旁应设置轮椅停留空间。

（5）管理设施的无障碍设计应符合 CJJ 37《规范》第8.2节的有关规定。

6.3.7 标识与信息应符合下列规定

（1）主要出入口、无障碍通道、停车位、建筑出入口、公共厕所等无障碍设施的位置应设置无障碍标志，并应形成完整的无障碍标识系统，清楚地指明无障碍设施的走向及位置，无障碍标志应符合 CJJ 37《规范》第3.16节的有关规定；

（2）应设置系统的指路牌、定位导览图、景区景点和园中园说明牌；

（3）出入口应设置无障碍设施位置图、无障碍游览图；

（4）危险地段应设置必要的警示、提示标志及安全警示钱。

6.3.8 不同类别的公园绿地的特殊要求

（1）大型植物园宜设置盲人植物区域或者植物角，并提供语音服务、盲文铭牌等供视觉障碍者使用的设施；

（2）绿地内展览区、展示区、动物园的动物展示区应设置便于乘轮椅者参观的窗口或位置。

6.3.9 附属绿地

（1）附属绿地中的开放式绿地应进行无障碍设计。

（2）附属绿地中的无障碍设计应符合 CJJ 37《规范》第6.2节和第7.2节的有关规定。

6.3.10 其他绿地

（1）其他绿地中的开放式绿地应进行无障碍设计。

（2）其他绿地的无障碍设计应符合 CJJ 37《规范》第6.2节的有关规定。

思考题

1. 城市广场及绿地无障碍设计的范围有哪些？
2. 城市广场公共停车场的停车泊位数如何考虑？
3. 公园绿地停车场的停车泊位数如何考虑？
4. 无障碍游览路线如何规划？

第7章 历史文物保护建筑无障碍建设与改造设计

在以人为本的和谐社会，历史文物保护建筑的无障碍建设与改造是必要的，在科学技术日益发展的今天，历史文物保护建筑的无障碍建设与改造也是可行的。但由于文物保护建筑及其环境所具有的历史特殊性及不可再造性，在进行无障碍设施的建设与改造中存在很多困难，为保护文物不受到破坏，在设计中必须遵循一些最基本的原则。

第一，文物保护建筑中建设与改造的无障碍设施，应为非永久性设施，遇有特殊情况时，可以将其移开或拆除；且无障碍设施与文物建筑应采取柔性接触或保护性接触，不可直接安装固定在原有建筑物上，也不可在原有建筑物上进行打孔、锚固、胶粘等辅助安装措施，不得对文物建筑本体造成任何损坏。

第二，文物保护建筑中建设与改造的无障碍设施，宜采用木材、有仿古做旧涂层的金属材料、防滑橡胶地面等，在色彩和质感上与原有建筑物相协调的材料；在设计及造型上，宜采用仿古风格；且无障碍设施的体量不宜过大，以免影响古建环境氛围。

第三，文物保护建筑基于历史的原因，受到其原有的、已建成因素的限制，在一些地形或环境复杂的区域无法设置无障碍设施，要全面进行无障碍设施的建设和改造，是十分困难的。因此，应结合无障碍游览线路的设置，优先进行通路及服务类设施的无障碍建设和改造，使行动不便的游客可以按照设定的无障碍路线到达各主要景点外围参观游览。在游览线路上的，有条件进行无障碍设施建设和改造的主要景点内部，也可以进行相应的改造，使游客可以最大限度地游览设定在游览线路上的景点。

第四，各地各类各级文物保护建筑，由于其客观条件各不相同，因此无法以统一的标准进行无障碍设施的建设和改造，需要根据实际情况进行相应的个性化设计。对于一些保护等级高或情况比较特殊的文物保护建筑，在对其进行无障碍设施的建设和改造时，还应在文物保护部门的主持下，请相关专家做出可行性论证并给予专业性的建议，以确保改造的成功和文物不受到破坏。

在设计时要根据建筑物使用功能的不同，因地制宜，注重考虑以下具体情况。

7.1 游览路线

文物保护单位中的无障碍游览线路，是为了方便行动不便的游客而设计的游览路线。由于现状条件的限制，通常只能在现有的游览通道中选择有条件的路段设置。

7.2 出入口

在无障碍游览路线上的对外开放的文物建筑应设置无障碍出入口，以方便各类人群参观。

无障碍出入口的无障碍设施尺度不宜过大，使用的材料以及设施采用的形式都应与原有建筑相协调；无障碍设施的设置也不能对普通游客的正常出入以及紧急情况下的疏散造成妨碍。无障碍坡道及其扶手的材料可选用木制、铜制等材料，避免与原建筑环境产生较大反差。

7.3 展厅、陈列室、视听室以及各种接待用房

展厅、陈列室、视听室以及各种接待用房是游人参观活动的场所，因此也应满足无障碍出入口的要求。当展厅、陈列室、视听室以及各种接待用房也是文物保护建筑时，应该满足《无障碍设计规范》（GB 50763）第 8.7 条的有关规定。

7.4 无障碍游览通道

院落无障碍通道文物保护单位中的无障碍游览通道，必要时可利用一些古建特有的建筑空间作为过渡或连接，因此在通行宽度方面可根据情况适度放宽限制。比如古建的前廊，通常宽度不大，在利用前廊作为通路时，只要突出的柱顶石间的净宽度允许轮椅单独通过即可。

7.5 休息凉亭

文物保护单位中的休息凉亭等设施，新建时应该是无障碍设施，因此有台阶时应同时设置轮椅坡道，本身也是文物的景观性游览设施，在没有特殊景观要求时，也宜为无障碍休憩设施。

7.6 服务设施

文物保护单位的服务设施应最大限度地满足各类游览参观的人群的需要，其中包括各种小卖店、茶座咖啡厅、餐厅等服务用房，厕所、电话、饮水器等公共设施，管理办公室、广播室等管理设施，均应该进行无障碍设施的建设与改造。

7.7 信息与标识

对公众开放的文物保护单位，应提供多种标志和信息源，以适合人群的不同要求，如以各种符号和标志帮助引导行动障碍者确定其行动路线和到达目的地，为视觉障碍者提供盲文解说标牌、语音导游器、触摸屏等设施，保障其进行参观游览。

思考题

1. 历史文物保护建筑的无障碍建设与改造中必须遵循哪些基本的原则？
2. 如何考虑文物保护单位中的无障碍游览通路？
3. 历史文物保护建筑如何实现出入口无障碍？

第8章 无障碍政策条款与法规

8.1 无障碍法规建设的历史回顾

在第二次世界大战以后，国际政治、经济及社会发生巨大变革，科学技术长足进步，人们生存的价值观念起了变化，残疾人的问题日益引起国际社会的普遍关注，在有关国际组织的努力下，为争取残疾人的合法权利，并保证他们的福利和参与社会正常生活，以"回归社会"为最终目标的残疾人运动，已发展成世界范围的运动。残疾人从"生存保障"发展为残疾人争取人权和争取回归社会主流的斗争。社会对残疾人的认识从同情、怜悯出发的救济对象，提高到残疾人蕴藏着巨大的潜力，残疾人同样能对社会做出贡献。对此联合国等国际组织，在半个世纪以来始终在进行着不懈的努力：

（1）1948年12月由许多国家共同签署的《世界人权宣言》中第25条规定："残疾人有接受社会保障的权利。"

（2）1959年联合国大会通过的《儿童权利宣言》中第5条规定："对于在身体上、精神上有残疾或社会生活中有困难的儿童，应根据其特殊情况给予特殊的治疗、特殊的教育和特殊的保护。"

（3）1969年联合国大会通过了《禁止一切无视残疾人的社会条件的决议》。

（4）1970年联合国大会通过了《弱智人权利宣言》。

（5）1975年国际社会经济理事会大会通过了《残疾人的预防及残疾人的康复》的决议。

（6）1975年联合国大会通过了《残疾人权利宣言》。在联合国的号召和倡议下，世界上许多国家都相应地制定了有关残疾人的地位和权利的法规，残疾人的社会地位大大提高。

（7）1981年12月，世界性的第一个残疾人自己的组织——"残疾人国际"在新加坡诞生，该组织有团体会员70多个，分设欧洲、非洲、亚洲、北美洲和南美洲五个地区委员会。该组织的宗旨是促使残疾人以平等的权利和机会参与社会生活和工作。

（8）联合国做出决定，1981年为"国际残疾人年"。

（9）1982年12月3日正式通过了《关于残疾人的世界行动纲领》，大会宣布1983～1992年为联合国残疾人十年。《纲领》的目的是动员和号召世界各国政府开展各种活动，提高残疾人的社会地位，使残疾人与健全人有一个平等的机会，享有"充分参与社会"的权利。

（10）1989年8月联合国社会发展和人道主义事务中心在前苏联爱沙尼亚加盟共和国首都塔林召开了"开发残疾人资源"的国际会议，并通过了《开发残疾人资源的塔林行动纲领》，其目的是对残疾人教育、培训、就业、科技进行开发，让残疾人自己主宰自己的命运，不靠别人施舍和照顾而生活，号召各国政府和非官方组织尽可能地让残疾人参加到各项工作的决策和执行中去。

（11）1997年7月4日联合国在日内瓦成立了"国际残疾人中心"。联合国秘书长科菲·安南说："全世界有5亿以上的男人、妇女和儿童的器官有某种程度的损伤，从而成为世界上最大的少数群体。"他说："残疾人在发达国家和发展中国家都受到歧视。"该中心认为，全世界约有6亿是残疾人，占世界人口的1/10。时任联合国前秘书长佩雷斯·德奎利亚尔说："这个中心的成立是为了使政治家们时刻注意这个问题，不然的话，残疾人受到的对待将不是作为人，而是作为统计数字，不是作为真正的人，而是作为一种标签。"他说："残疾人有了一个帮助他们提高待遇而斗争的国际中心。"

人类社会发展的历史表明，任何国家的一切事业的发展，都需要有法律、法规的保障，都离不开国家的法制建设。

早在1959年欧洲议会就通过了"方便残疾人使用的公共建筑的设计与建设的决议"。20世纪60年代初美国民权运动的影响促使残疾人联合起来，为争取其基本权利而斗争，抗议社会对他们的歧视态度和不平等待遇以及环境中的种种障碍给残疾人造成通行上的困难。在国际社会团体、社会阶层的影响和推动下，"无障碍"的概念开始形成。同时，经济的发展也促使各工业国家有可能在无障碍环境的普及中投入大量的人力、物力和财力。当时美国总统肯尼迪曾就这一问题进行咨询，并在1961年制定了世界上第一个"无障碍标准"。在1963年挪威奥斯陆会议上，瑞典神经不健全者协会再次提出，"尽最大的可能保障残疾者正常生活的条件"，强调残疾人在公共社会中与健全人一道生活的重要性，说明其权利要正常化。这种思想在当年的国际残疾人行动计划中已明确阐明，即"以健全人为中心的社会是不健全的社会"。相继制定有关无障碍法律条文的还有：1965年制定的"以色列建筑法"、1968年制定的"美国建筑法"。所有这些法律都进一步明确了建筑及其环境都必须对残疾人做出的承诺。

1976年，国际标准机构ISO，以1981年的国际残疾人年为目标，成立残疾者设计小组，计划制定"残疾人在建筑物中的需要"的设计指导。到1979年，这个小组提出了一个大纲，其内容背景是以"社会的物质环境，应使残疾人如同一般人平等地生活于社会的主流中"为前提。大纲旨在将残疾人的问题纳入ISO的一般规格的标准系列中，同时大纲也是地方行政机关的基本指南，内容分两大部分：

（1）残疾者的类别和基本要求；

（2）残疾者要求的无障碍建筑物。

目前，全世界已有100多个国家和地区制定了有关残疾人的法律和无障碍技术法规与技术标准。

我国社会主义法制建设与残疾人法规体系的建设是紧密相关的。《中华人民共和国宪法》第45条明确规定："中华人民共和国公民在年老、疾病或者丧失劳动能力的情况下，有从国家和社会获得物质帮助的权利。"国家和社会保障残疾军人的生活，抚恤烈士家属。国家和社会帮助安排盲、聋、哑和其他有残疾的公民的劳动、生活和教育。《宪法》是国家的根本大法，在《宪法》中规定国家和社会都有责任对残疾人给予帮助，即对残疾人的困难要给予特殊帮助，这充分体现了社会主义制度的优越性。

　　党的十一届三中全会以来，随着我国社会主义法制建设逐步走向正常发展的轨道，残疾人事业的法制建设也开始起步，从而也就为建立残疾人的法规体系创造了先决条件。近年来我国公布的有关残疾人的保障法规，从法律上保障了残疾人地位和不利条件的改善。

　　1989 年，我国建设部、民政部、中国残联颁布了《方便残疾人使用的城市道路和建筑物设计规范》，为残疾人参与社会生活创造了有利条件。1990 年 12 月 28 日颁布了《中华人民共和国残疾人保障法》，自 1991 年 5 月 15 日开始正式施行。《残疾人保障法》的颁布施行，为我国建立残疾人的法规体系奠定了基础。

　　《中华人民共和国残疾人保障法》第一章第 3 条明确规定："残疾人在政治、经济、文化、社会和家庭生活等方面享有同其他公民平等的权利。"残疾人享有的公民权利是多方面的，主要包括：关于参与社会生活的权利、关于康复的权利、关于受教育的权利、关于劳动就业的权利、关于开展文化生活的权利、关于建立婚姻家庭的权利、关于享有社会保障的权利，等等。

　　江泽民同志曾经说过："残疾人问题也是一个人权问题。在我们的社会里，残疾人在政治、经济、文化、社会等方面，确实享有同其他公民平等的权利。它显示了社会主义制度的优越性和我国在人权问题上的广泛性、真实性和公平性。"他还说："共产党人的宗旨是全人类的解放。人类的解放不但必须消除奴役、压迫和剥削，还要消除歧视、偏见和陈腐观念导致的不平等的现象。残疾人是社会主义大家庭的一员，残疾人事业是社会主义事业的一部分。残疾人事业的发展水平，是社会文明进步的标志之一。各级党委、政府、社会各界都要对残疾人事业给予更多的关注和支持。"

　　1998 年《世界人权宣言》通过 50 周年，国际社会举行了一系列的纪念活动。当时，国家主席江泽民复函联合国秘书长安南先生，表示中国政府完全支持国际社会纪念这一纲领性文件，并回顾和总结了人权领域的工作，展望和规划未来。同时，中国人权研究会与中国联合国协会在北京联合召开了"面向二十一世纪的世界人权"国际研讨会，以纪念《世界人权宣言》发表 50 周年。

　　我国政府还制定了促进无障碍环境建设的相应政策、条例和规定。例如国务院批准执行的发展中国残疾人事业的三个五年计划中，均提出了推行无障碍设施的任务与措施：

　　（1）《中国残疾人事业五年工作纲要（1988—1992 年）》：逐步为残疾人创造良好的环境条件。新建的城市道路和公共建筑设施应实行方便残疾人的设计规范。对省会和特大城市的主要道路、公共设施、公共建筑，在合理可行的范围内，应有计划分步骤地加以改造，为残疾人活动提供方便。

　　（2）《中国残疾人事业"八五"计划纲要（1991—1995 年）》：实施《方便残疾人使用的城市道路和建筑物设计规范》。

　　（3）《中国残疾人事业"九五"计划纲要（1996—2000 年）》：将执行《方便残疾人使用的城市道路和建筑物设计规范》纳入到基本建设审批范围，制定相应规定；广泛宣传、逐步推广无障碍设施。

　　（4）《中国残疾人事业"十五"计划纲要（2001～2005 年）》：在新建、改建城市道路、交通设施、重要公共建筑物、居住区以及住宅时，要认真执行《城市道路和建筑物无障碍设计规范》和其他有关方便残疾人使用的强制性标准。规划、设计、施工、监理等单位要切实负起责任，保证工程建设中有关方便残疾人使用的强制性标准落到实处。

（5）《中国残疾人事业"十一五"计划纲要（2006～2010年）》：制定实施无障碍建设条例，依法开展无障碍建设；实施无障碍环境建设工程；将信息无障碍纳入信息化相关规划，更加关注残疾人享受信息化成果、参与信息化建设进程。

（6）《中国残疾人事业"十二五"计划纲要（2011～2015年》：第一，制定实施无障碍建设条例，依法开展无障碍建设。完善无障碍建设标准体系，新建、改建、扩建设施严格按照国家相关规范建设无障碍设施，加快推进既有道路、建筑物、居住小区、园林绿地特别是与残疾人日常生活密切相关的已建设施无障碍改造。提高无障碍建设质量和水平，加强无障碍设施日常维护与管理。开展创建全国无障碍建设市、县、区工作。普及无障碍知识，加强宣传与推广。第二，实施无障碍环境建设工程。将无障碍建设纳入社会主义新农村和城镇化建设内容，与公共服务设施同时规划、同时设计、同时施工、同时验收。航空、铁路及城市公共交通要加大无障碍建设和改造力度，公共交通工具要逐步完善无障碍设备配置，公共停车区要设置残疾人停车位。广泛开展残疾人家庭无障碍改造工作，有条件的地方要对贫困残疾人家庭无障碍改造提供补助。基本完成残疾人综合服务设施的无障碍改造。第三，将信息无障碍纳入信息化相关规划，更加关注残疾人享受信息化成果、参与信息化建设进程。制定信息无障碍技术标准，推进通用产品、技术信息无障碍。推进互联网和手机、电脑、可视设备等信息无障碍实用技术、产品研发和推广，推动互联网网站无障碍设计。各级政府和有关部门采取无障碍方式发布政务信息。推动公共服务行业、公共场所、公共交通工具建立语音提示、屏显字幕、视觉引导等系统。推进聋人手机短信服务平台建设。推进药品和食品说明的信息无障碍。图书和声像资源数字化建设实现信息无障碍。

8.2 无障碍法规建设的宏观考虑

如何确保残疾人和老年人使用公用设施的权利，无障碍政策、法规的建立和制定具有明显的重要意义。在无障碍设计时，除了遵循设计规范以外，还必须遵循相关的法规和政策。一部好的、完善的无障碍法律和法规的建立将对确保无障碍环境的规划、设计、实施起到积极的推动作用。

1. 背景

无障碍建设的政策、法律法规、标准体系初步建立。《中共中央国务院关于促进残疾人事业发展的意见》和修订后的《中华人民共和国残疾人保障法》，丰富和强化了无障碍建设的内容，有关部门启动制定"无障碍环境建设条例"。住房城乡建设部再次启动修订《城市道路和建筑物无障碍设计规范》，原铁道部制定实施《铁路旅客车站无障碍设计规范》，中国民航局制订《残疾人航空运输办法》、修订《民用机场旅客航站区无障碍设施设备配置标准》，工业和信息化部制定相关信息交流无障碍技术、产品标准。

城市无障碍化格局基本形成。住房和城乡建设部、民政部、中国残联、全国老龄办在100个城市开展了"十一五"创建全国无障碍建设城市工作，探索形成我国城市无障碍建设工作模式。我国城市无障碍环境建设水平显著提高，残疾人、老年人和全体社会成员参与社会生活的环境更加便利，全社会无障碍意识得到增强。

无障碍建设存在的困难和问题。我国无障碍环境建设起步较晚，已建建筑物和道路无障碍改造难度较大，残疾人家庭无障碍改造滞后，城市无障碍建设还存在不平衡、不系统、不规范的现象，信息无障碍交流服务基础薄弱。为进一步推进无障碍建设，依据《中国残疾人事业"十二五"发展纲要》，制定方案。

2. 任务目标

全面推进无障碍建设。加快推进城市无障碍建设和改造，将无障碍建设纳入社会主义新农村和城镇化建设内容，民航、铁路、交通、教育等行业无障碍建设进一步加强，加快信息交流无障碍建设，全社会无障碍意识进一步增强。

深入开展无障碍建设市、县创建工作。进一步提高无障碍建设质量，全国城市无障碍化程度显著提高。

积极推进小城镇、农村无障碍建设。提高小城镇、农村无障碍化水平，缩小城乡无障碍建设差距。

为8万户残疾人家庭实施无障碍改造。对城乡贫困残疾人家庭提供改造补助；全面完成残疾人综合服务设施无障碍改造。

3. 主要措施

（1）加强无障碍建设工作的领导。

各地要将无障碍建设纳入经济社会发展规划，切实采取措施，加强领导，推广无障碍通用设计理念，努力营造全社会关心、支持、参与无障碍环境建设的良好氛围。

（2）制定实施"无障碍环境建设条例"，依法开展无障碍建设。

加快制定出台"无障碍环境建设条例"，为无障碍环境建设提供法律保障。开展"无障碍环境建设条例"的宣传和实施情况监督检查。

各地应依据条例制定、修订无障碍建设管理规定和"十二五"无障碍建设规划，与条例相衔接，并促进实施。

（3）健全无障碍建设工作机制。

市（地）级以上地方建立政府统一领导、相关部门参加的无障碍建设组织协调机构，建立、完善相关工作机制。

积极引导社会力量参与无障碍建设，进一步加强对无障碍建设的社会监督。

（4）完善无障碍建设标准体系。

修订《城市道路和建筑物无障碍设计规范》，制定城市公共交通无障碍设施设备技术标准，制定残疾人家庭、公共交通工具、信息交流等无障碍建设相关标准规范，完善无障碍建设标准体系，为无障碍建设提供技术支持。

（5）开展无障碍建设市、县创建工作。

继续巩固"十一五"创建全国无障碍建设城市工作的成果，住房和城乡建设部、民政部、中国残联、全国老龄办等有关部门完善全国无障碍建设城市工作协调领导机制，组织有关部门、专家完善实施全国无障碍建设市、县创建工作标准，组织指导地方开展创建全国无障碍建设市、县工作，全面推进我国城市无障碍化建设。

（6）推进农村、小城镇无障碍建设。

按照中央"推进城乡经济社会发展一体化，搞好社会主义新农村建设规划，加强农村基础设施建设"，"科学制定城镇化发展规划，促进城镇化健康发展"的要求，将无障碍建设纳入社会主义新农村和城镇化建设的内容，与小城镇、公共服务设施同时规划、同时设计、同时施工、同时验收，从源头上把好关，避免造成新的历史欠账。

（7）加大无障碍建设与改造力度。

根据国家有关法律法规的规定，新建、改建、扩建道路、公共建筑、公共交通设施、居住建筑、居住区等，必须按照国家工程建设无障碍规范的要求建设无障碍设施，提高无障碍设施系统化、规范化和质量。

制定计划，提高改造比例，提供资金保障，加快推进既有道路、建筑物、居住小区、园林绿地特别是与人民群众日常生活密切相关的已建设施无障碍改造。

航空、铁路及城市公共交通要加大无障碍建设和改造力度，公共交通工具要完善无障碍设备配置，公共停车区设置残疾人停车泊位。

加强对无障碍设施的管理，确保无障碍设施发挥功能。

（8）加快残疾人综合服务设施无障碍建设和改造。

新建残疾人综合服务设施和养老服务机构要全部符合无障碍要求，加快推进对既有残疾人综合服务设施进行无障碍改造，"十二五"期间对不符合无障碍规范的残疾人综合服务设施要改造完毕，对社会发挥示范带动作用。

（9）进行残疾人家庭无障碍改造。

推广"十一五"残疾人家庭无障碍改造经验，为全国8万户城乡贫困残疾人家庭实施无障碍改造提供补助，地方应多渠道筹措资金，加大残疾人家庭无障碍改造工作力度。切实改善和消除残疾人家庭生活障碍，维护残疾人权益，提高残疾人生活品质，使残疾人更有尊严地生活，促进残疾人全面小康实现。

（10）加强信息交流无障碍建设。

推动各级政府和有关部门采取无障碍方式发布政务信息。推动市级电视台在电视节目中加配字幕或开办手语节目。推动在重点公共服务行业、公共场所、公共交通工具建立语音提示和信息屏幕系统。试点建立方便听力、言语残疾人使用的紧急呼叫与显示系统。推动互联网网站实行无障碍设计。研发推广信息交流无障碍技术、产品、服务。推进药品和食品说明的信息无障碍，图书和声像资源数字化建设实现信息无障碍。推进聋人手机短信服务平台建设。

（11）开展无障碍建设技术咨询、人员培训、宣传。

组织高等院校、科研机构开展无障碍建设研究，培养专门人才。

制定计划，"十二五"完成对县级以上有关规划、设计、建设、管理人员和残联相关工作人员的无障碍知识培训，增强执行规范和开展无障碍监督的自觉性和能力。

多种形式开展无障碍建设的宣传，进一步普及无障碍知识，提高无障碍意识，营造全社会关心、支持、参与无障碍建设的良好氛围。

4. 检查评估

住房和城乡建设部、民政部、中国残联、全国老龄办等有关部门依据方案进行定期检查。

8.2.1　建立无障碍法规涉及的内容

（1）无障碍法规：为了给公民，包括残疾人和老年人，提供一个无障碍通行环境，国家、地方或各类组织有必要制定该项法规，并涉及以下范围：建筑、公共设施、公路及运输。

（2）无差别法规：为了给公民，包括残疾人和老年人，提供一个无障碍通行环境，国家、地方或各类组织有必要制定该项法规，赋予残疾人同等的出行权利。

（3）无障碍政策：政府（国家、省或州、地方）发布行政命令，规定特许权利（如：税收减扣、出入特许等）或优先措施（如：在特定场所享受优先待遇），以促进无障碍通行。

（4）无障碍标准：制定建筑、公共设施、公路及运输无障碍标准。

（5）完善：修正有关法律、法规、规定、规则，及时进行增补、更正、废止等项工作。

（6）草案：编制立法部门能够认可的草案。

（7）建筑法规：建筑法规对竣工建筑的基本特性和要求做出详细规定，经国家主管部门核准颁布，在规定范围内执行，并在必要时进行修改。

8.2.2　无障碍法规的修订与完善

为了使无障碍法规不断完善和巩固，在其制定的指导思想、细则、标准中可做出相关规定，通过有规律的程序和周期，就法规进行咨询、监督、修订。为了保持无障碍环境新颖性和连续性，应不断修订相关法规。

在修订过程中，应向政府部门、建筑、交通行业的有关人士、残疾人征求意见，建立无障碍通行委员会，与政府部门保持联系，是促进无障碍法规实施的有效途径。

为了建成无障碍的环境，协调无障碍法规和一系列广泛复杂的其他法规之间的关系，有必要制定法规实施的时间计划，并尽量解决该法规与其他法规及安全规则可能产生的矛盾，避免观念上的无障碍法规与安全规则的冲突。

8.3　加快信息无障碍法制化进程

8.3.1　信息无障碍法制的健全

如果说标准是信息无障碍建设的准绳，保障信息无障碍技术的研发及适用有章可循，那么法制就是信息无障碍建设的监督基石，维系着信息无障碍建设的有序进行。法制之中包含了法律、法规、规章等多种法律性文件。国内信息无障碍相关法律性文件，例如《中华人民共和国残疾人保障法》、《政府信息公开条例》、《残疾人航空运输办法（试行）》等，它们从不同层面对信息无障碍提出了要求。但总的来看还存在以下问题：提供保护的形式以行业标准居多，法律性文件较少；法律性文件提供的实体保护居多，适用于数字虚拟障碍的甚少；不同行业领域之间，甚至内部发展呈现出显著差异，等等。分析其原因，主要有以下几点：

（1）长期以来，国内对于信息无障碍法律性文件同行业标准之间的界定含混不清，没有准确认识到两者的定位和差别；

（2）法律性文件由于其特性——以国家强制力为后盾，强调法律责任的担负，是国家权利，因此在制定和颁布施行上都有着严于一般行业标准的要求和程序，不可能在短期内频繁出台或修正；

（3）行业自身的特点决定——比如电信通讯行业，在信息爆炸的时代，高科技的产品层出不穷，而且研发周期日益缩短，远快于法律性文件的更新，因此同其他发展较为平稳的行业相比，无障碍建设能够享有的法律保护相对就要欠缺一些；

（4）无障碍建设行业内部存在的差异性，例如《北京市图书馆条例》、《广州市图书馆条例（草案）》、《浙江省公共图书馆管理办法》等图书馆无障碍建设领域的法律性文件集中在华北和沿海地区。也就是说，地区本身的发展状况，比如政治环境、经济基础，甚至于历史文化底蕴等都会对信息无障碍法制建设产生相当的影响，不仅表现在意识形态方面，而且在实践中也可能产生促进或者阻碍作用，这些都是在今后的工作中需要关注的问题。或许，我们可以考虑加强法律性文件的指导性，以法律原则为主要内容，而通过委任性或者准用性的法律规则来实现监管。即通过法律授权，将具体行业的运作规则交付给相关主体来制定；或者对原有的行业标准，由有权的法律主体来加以选择和认可，赋予其法律的效力。这样，就能够同时解决法律性文件制定周期长而行业发展又过快的冲突问题。

8.3.2 信息无障碍意识的加强

信息无障碍是一个社会性的概念，它与每一个社会成员、障碍群体，抑或是学者密切相关。近年来，政府相关部门和学者等积极全面地向社会普及信息无障碍建设的基础知识和重要性。每年一届的信息无障碍论坛已经成为国内探讨和交流开展信息无障碍工作最新信息的重要场所；中国国际福祉博览会的持续召开，成功地将无障碍相关企业及其产品推向市场等。信息无障碍是平等社会人的基本权利，信息无障碍建设也是我们不可推卸的社会责任。在信息无障碍建设进程中，我们应该通过各种渠道宣传无障碍的基础理念，增强公众的信息无障碍意识，鼓励所有的利益方都参与到信息无障碍建设中来，努力使无障碍的观念渗透到社会的每一个层面。

通过信息无障碍的建设，以期对建筑物、城市道路、城市绿地广场、公园及风景游览区的无障碍建设起到锦上添花的作用。

8.4 无障碍建设的法规体系与细则

8.4.1 法规体系

（1）法令：由人大常委会、政府各级部门、地方政府、国家元首发布行政令或法令，法令具有法律强制性。国家或省部委、地方政府发表的决议仅仅是政策。

（2）政府令：由地方政府或各部（国家或省）发布政府令，确保一项政策或内部管理规定的实施（如：对不同部门的职能与权限做出规定）。政府令可直接成为强制执行的规定。

（3）条例：在国家政府有关部门讨论的基础上，国家元首发布暂时性法令，此后由立法机构适时采纳，成为永久性法令。

建筑标准：根据建筑中不同侧重点（如：安全程度、照明控制）、不同区域（如：走廊）制定各自的标准细则（如：建筑物通道尺寸）。

竣工验收：建筑经验收许可才能使用。

（4）规定与规则：制定命令性规定和规则，使之成为一项法律。制定行政性规定和规则，使之成为一项政策。

（5）成文法：以成文法的形式强制执行。

8.4.2　细则

（1）建筑细则：在建筑法规基础上，各地区政府制定详细的规定、细则。

（2）设计手册：内容包括无障碍通行细则和建筑设计标准。

（3）执行性条款：制定规定和规则，确保法规的执行。

（4）法制化：经国家、省、州地市的立法机构或各组织的法律授权人通过，使之法制化。

（5）公报：在法规通过之日通告其内容。

8.5　提高无障碍环境的认可程度

提高无障碍环境的认可程度，可以从以下几方面入手：

（1）最初的认可

初始阶段应注重使社会各方面了解残疾人对无障碍通行的需求并给予关注，因为它们在促进无障碍的过程中将扮演重要角色，其中包括个人、政府部门、政治人物、商业团体、私立组织以及非政府组织。

（2）社会责任认可

提高无障碍通行的社会关注程度，并不等于取得了公众的理解。因为对无障碍通行需求的理解并非一定要具体到道德规范的层次。道德规范可以通过社会教育使公众帮助那些处于困境的残疾人和老年人实现社会的普遍关注，以促进消除道路障碍。

（3）实施过程认可

实施过程认可与社会责任认可密切相关，可以看到提高无障碍程度的思考使每天考虑的社会问题具体化，在很大范围内类似的努力对提高无障碍程度起到积极的指导作用。

（4）法令认可

该项认可基于法律机构或行政法令的压力，在公众尚未做到自觉维护的情况下，损毁设施者应受到处罚。

（5）奖惩措施

提高无障碍通行程度通过以下途径加以鼓励和保护，例如：提供政府建筑合约，提供低息贷款，反之，扣留许可证，拒绝提供购买建筑场地的优惠价格。

（6）经济认可

通过宣传该项投资后的效益以及其他相应的经济效益，促进社会无障碍通行的普及程度。

（7）综合策略

提高无障碍通行程度的综合策略即上述条款的集合。在不同阶段，上述某一项认可可能变得尤为重要，为达到预期目标应积极争取关键人物或组织的参与。

8.6 国外无障碍政策法规完善及举例

（1）无障碍通行政策法规的目标

①为所有公民改善无障碍通行环境；

②为残疾人在建筑设计中增加无障碍设计；

③尽可能地使基层组织、个人、政府机构以及大众传媒的介入。

（2）完善无障碍政策法规的重要阶段

①预制定：获取基层组织、政府部门的支持，在基层组织、协会、政府部门、社区服务部门之间建立联系。

②制定：提出无障碍政策法规草案，就公众对草案意见进行调研，而后修改、定稿，取得公众支持，制定法规。

③实施：法规的公布实施将提高无障碍通行的程度。

④执行：对促进无障碍法规实施者予以鼓励，对不执行或违反法规者予以处罚。

⑤监督：总结无障碍法规实施效果，并提出改进意见。

（3）完善无障碍政策法规的流程图，如图8-1所示。

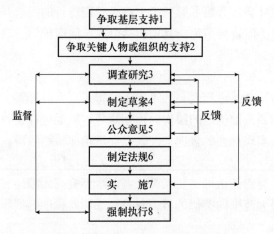

图 8-1 完善无障碍政策法规的流程图

- 步骤1、2、3是无障碍法规的预制定阶段。在这个阶段应努力争取广泛的支持（步骤1），把结果写进报告，供下一阶段（步骤4）使用，进而争取关键人物和组织的支持（步骤2）。显然，他们的支持对取得社会的广泛支持（步骤1）具有促进作用。

- 步骤4、5、6是无障碍法规的制定阶段。公众反馈意见（步骤5）写进法规制定报告（步骤4）中。法规提出后的信息反馈纳入调查研究阶段（步骤3）的报告中。应注意，法规制定阶段（步骤4）和调查研究阶段（步骤3）都应注重公众意见反馈（步骤5），做到这一点依赖于征询公众意见的力度和广度。

- 步骤7是无障碍法规的实施阶段。法规实施后应收集意见反馈，这些意见再次汇集到法规制定阶段（步骤 4）和调查研究阶段（步骤 3）。

- 步骤 8 是无障碍法规的强制执行阶段，通过残疾人和社会公众的意见反馈进行监督，对法规进行有规律的监督管理，法规的执行情况要写到法规制定阶段（步骤 4）和调查研究阶段（步骤 3）的报告中。关于法规的讨论也将起到监督和管理作用。

（4）预提出阶段

①争取基层支持

残疾人自助组织（NGOS）在推行无障碍法规的过程中扮演着十分重要的角色。为了担负起这份责任，他们应学习无障碍条款基本技术知识，以及与政府和社会交流合作的本领。

残疾人自助组织或许可以考虑建立一个由他们自己及关注他们的人组成的小组，小组成员包括著名而有能力的残疾人，他们在向社会争取支持的过程中将起到重要作用。自助组织应做以下工作：

- 设立无障碍法规的培训课程；
- 协助政府工作；
- 在各类场所宣传无障碍标准的必要性和法令性；
- 寻求法律界支持。
- 提供服务，交流信息。

②关键人物和组织在该项工作中的作用

发挥关键人物具有号召力和影响力的作用，为残疾人自助组织和专业协会提供指导、协调、帮助及咨询，加大宣传关于无障碍政策、条款及内容的力度。

③国家有关部门与自助组织的协调性

国家标准局或标准协会应与其相关组织共同研究制定有关无障碍标准。

城市规划者应考虑自助组织的意见以及城市中残疾人对无障碍通行的需求。在农村规划中，政府应考虑解决残疾人随时随地出现的实际问题。

④政府和立法部门在无障碍法规的建立和执行过程中担任了至关重要的角色，因此政府和立法部门应做好以下工作：

与残疾人自助组织保持密切联系是很重要的，包括残疾人自助组织，该法规需要广泛的社会基础。

建立委员会，由具有代表性的人员组成，包括残疾人、老年人、妇女儿童、管理人员、专业人员（如：建筑师、城市规划者）、服务人员（如：交通部门）以及省市级政府官员和具有代表性的当地权威人士。

要求委员会率先接受无障碍法规，其工作内容包括：

- 确定无障碍法规的目的、工作、规模；
- 宣传残疾人对该法规的需求；
- 收集、反映公众意见；
- 估计社会对无障碍法规的需求程度；
- 汇总、修订意见，确定无障碍法规的基本内容；
- 写出该法规初稿，并争取政府支持；
- 初稿；

- 征询意见，协调修正该法规；
- 定稿；
- 争取法律部门的认可；
- 争取法律部门的支持和保护；
- 开展以下活动争取社会的支持：印发小册子、影像带，举行研讨会，开办培训课程，通过大众媒体宣传等，直接面对公众、专业人员、残疾人和服务人员。
- 通过行政措施督促法规的实施，如：采用建筑许可证的方式；
- 监督法规的执行，向各方面征询使用意见并修订该法规。

（5）政府与立法机关的作用

①调查

建立无障碍法规很重要的一项工作是调查研究，目的在于明晰法规在使用中可能遇到的问题。以下两个方法可供选择：在公共设施 2 ~ 3km 范围内进行调查；或者对选定的公共设施进行调查，例如社区中心、政府机关、商业场所等。

下面举例考察内容，供参考：

表 8-1　公共设施调查表

考察点	考察内容
道路	宽度、高度、形式、障碍、材料
出入口	宽度、门槛、形式
楼梯	扶手、颜色、材料、形式
斜坡	宽度、坡度、材料、扶手
隧道及天桥	楼梯、坡道、隧道照明及声响
设施	位置、形式、颜色
栅栏安装、移动、临时性	保护措施、警告措施
标志	位置、形式、颜色
安全岛	方向、高度、尺寸
步行路口	路缘石、方向、高度
步行路口标志	位置、高度、标杆形式
交通指示灯	绿灯持续时间、行人指示灯、声音信号
其他交通信号	位置、高度、标杆形式
机动车停靠站	位置、形式、固定设施
公交车站台	位置、形式、固定设施
出租车站	位置、形式、固定设施
停车站	无障碍标志、残疾人停车位
停车场	路线、固定设施、障碍
运动场	路线、固定设施、障碍
广场	路线、固定设施、障碍
公共浴室	宽度、抓杆、材料、地面、龙头高度、入口位置
公共厕所	宽度、抓杆、材料、地面、龙头高度、入口位置、便池高度
教堂	门的尺寸、地面、斜坡坡度
农副产品市场	街道宽度、路面、通讯
铺道及排水沟	栏杆
墙	胸墙

调查研究应在一定范围内公开讨论。因此应成立一个无障碍环境调查委员会，委员会包括以下成员：专业人员、当地残疾人与老年人自助组织、有关官员和建筑业主。

建立一个较为理想的委员会，并应有 15 ~ 25 人。在产生了成熟的调研结果后，委员会应继续编制无障碍设计导则、法规及参数。无障碍设计导则、法规及参数应就以下内容进行定期修正：

- 加深理解；
- 随时间推移，反映可能出现的各种需要和要求；
- 修正实施过程中出现的问题。

②立法

无障碍设计立法实施程序如图 8-2 所示。

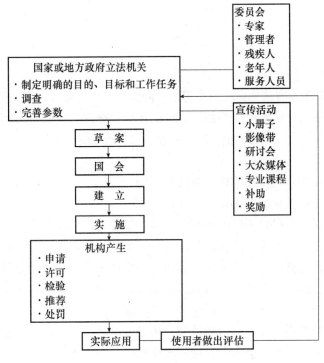

图 8-2　无障碍设计立法实施程序

（6）无障碍设计法律法规的制定

①法律机构

下面是亚太地区三种法律机构示例，适于 ESCAP 地区个人及社团的需要。

例一：共和制体系

- 宪法
- 议会法
- 法律法规
- 政府的法律替代性规定
- 政府规定
- 主席令
- 部长令
- 其他行政令

例二：联邦制体系
- 宪法
- 法律
- 规则规定
- 州法律
- 其他行政令

例三：社会体系
- 宪法
- 主席团令
- 国民议会令
- 其他行政令

以上三例在运行中均有法律机构的参与。不同法律机构的参与决定了项目（如：运输，道路或建筑物）不同的法规覆盖面。例如，运输法规面向全国，政府有关部门有权发布运输法令。同理，建筑物作为地方项目，相关法规由省、州、地市的立法机构或当地政府制定。

②无障碍政策条款与法规的构成

关于无障碍政策条款与法规的构成有两种可能：

一是独立于相关政策法规的无障碍法规；

二是将无障碍标准与设计手册融于相关政策法规，形成整体性法规，如建筑法规。

将无障碍法规作为一项独立法规，其优点在于能够比较全面地反映社会各方面对无障碍通行的要求。但是，与整体性法规相比，其制定和实施过程较长，问题较多。

整体性法规的优点在于：其制定迅速，实施有效，通过已有的相关法律机构进行监督管理。但是，整体性法规难以顾及特殊群体对无障碍通行的特殊要求。

成立相应的咨询机构，如无障碍委员会，协助政府从政策方面对各类无障碍需求进行分析鉴别，协助制定法规。委员会成员包括各政府部门、残疾人自助组织、专业人员等。

③无障碍政策条款

政府部门应就法规的制定向残疾人自助组织进行咨询，并对无障碍需求与相关政策法规的协调问题应有所准备。

无障碍标准和设计手册是国家无障碍政策的典型体现，应广泛征求残疾人自助组织的意见，加以研究。在政府制定政策过程中吸收研究成果，或根据研究结果及时修订政策。无障碍政策还应提交人大常委会通过，以加强执行过程中的道德约束力。

④无障碍法规

政策条款，如无障碍标准和设计手册，可以看作是强制执行的实用方法，有助于为法律实施创造良好环境。

- 与电视、广播及报刊密切联系；
- 争取立法机关、政党、社区、宗教等领袖的支持；
- 参加相关会议的发言者应反映公众对无障碍的要求；
- 定期提交关于工作进展的报告；
- 备忘录送交立法及管理等各级部门，包括其主要领导者，如：部长、主管省长、州长、市长、镇长等。

法规确立应通过以下形式：由政府有关部门、各级人大提出草案；根据不同的政治体系，草案应经过两至三个阶段讨论通过，在各级人大立法会会议上有可能未获得一致通过，而在政府会议中通常可获准通过；草案讨论通过之后，应送交有关领导认同；草案在政府公报上发布之日起即成为一项正式法案。

有时法令可直接获得政府通过。因此，无障碍法规也有直接获得国家、省或州、地方通过的可能。

与相关法规相比，无障碍法规的规定可以更为合理，但是要保持协调，避免矛盾。

为促使无障碍法规被接受与使用，应考虑允许特定范围内不使用该法规。当然，对于难于接受该法规的特定范围，无论短期或长期，均应严格控制和划分。例如，涉及宗教、文化、历史的重要建筑，为了符合宗教、文化习俗或历史沿革而未能遵循无障碍法规规定，应该是允许的。

⑤无障碍法规的规模与范围

制定无障碍法规应立足于为残疾人、老年人、儿童以及需要照顾的人提供便利，所以该法规适用范围应包括：

- 建筑物（各类型新老建筑，包括政府及私人建筑）

新的建筑物从规划、设计、施工到投入使用都要使用无障碍法规。老的建筑物符合该法规在时间上需要一段时期（如二至四年），根据当地条件可在法规中予以明确。

- 公共设施包括公众有权使用的全部场所的公共设施。

- 公路及内陆水道为使各社会群体能够便利使用，无障碍法规应对此做出明确规定，设计人员有责任和义务使用下列项目的规定标准，包括车站、排水与排污系统、公路、人行道、安全通道、工作人员通道、十字路口、道路辅道、过街天桥、码头和防洪堤等。

- 运输系统

无障碍法规应广泛应用于路陆、水陆、航空运输系统，以及使用的各类交通工具。法规可对交通工具的延期达标（一至二年）做出规定，例如，规定将高体公共汽车更换为矮体车的期限，或高体车延期达标的期限。

以上具有一定规模的项目分别由不同政府部门管理，因此可以制定分部门的无障碍法规。

表 8-2　公共设施举例

分　类	举　例
教育	托儿所、幼儿园、日托中心、学校、职业培训中心、图书馆、学院及大学
工厂	办公室、研究中心、工厂及车间
行政	政府部门、法院及监狱
社会服务	社区中心、青年中心、旅店、就业中心、救助站、公共厕所及浴室
水源	储水塔、水池、泉源及社区水龙头
康复中心	大型康复中心、妇儿康复诊所、医院及私人诊所
商业	银行、邮局、集市、商店、超市、售货点、洗衣店、股票交易所、饭店及餐馆
通讯	电话厅及通讯中心
文化宗教娱乐	艺术画廊、博物馆、展览会、动物园、公园、文化馆、剧院、电影院、礼拜堂
体育	体育中心、运动场及游泳池
交通	道路辅设、安全岛、交通信号灯系统、工作人员通道、人行道、天桥、码头、防洪堤、港口、停车场、公共汽车站、火车站、地铁站、机场

（7）实施

无障碍法规可以由已有的相关部门负责实施，如第一个举例中的建筑、公共设施、公路及内陆水道、运输等部门。市内运输中的无障碍通行由市政运输公司工作人员负责。提供支持机构或许是促进法规执行的有效方法，如：在相关政府部门下设无障碍委员会。委员会下设的信息服务部的工作包括日常事务、巡查、收集意见等。

适当的奖惩措施对法规的执行很有帮助。很多鼓励措施值得采纳，如：政府补助、低息贷款、减免税收、建筑用地优先权、作为奖励的政府承诺。

实施无障碍通行，虽然行业或对象不同而引起执行程序的变化，但执行法规的要求是相通的。比如建筑法规的各项要求对修建建筑物的各项程序进行审查，符合规定的项目才允许开工。已经完工但尚未使用的建筑，应检查是否有无障碍设施，如果没有，则要适当修改设计，并经主管部门认证。

（8）法律强制执行

因为有关无障碍政策不具有法律约束力，所以它的执行方法和机构可能有所不同。

①无障碍政策

无障碍政策的执行与强制执行显然不同。执行是把政策转化为行动的过程；强制执行是通过惩罚手段确保其执行的过程。惩罚手段从对违反法规者进行批评性宣传，直至处以罚款。强制执行职能可由法规的执行部门承担。

②无障碍法规

法规中应包括有效的强制性条款，明确规定在各种场所全部使用者的权利，以及受到侵害后可以寻求的法律依据，包括因法规的疏漏受到损害而要求的赔偿。对于违反法规的行为，可在法规中考虑使用如下惩罚手段：

- 吊销建筑商或制造商的执照；
- 禁止建筑商或制造商取得政府补助或贷款；
- 禁止建筑商享受任何与政府签订的优惠合约；
- 征收罚款；
- 强制其公司解散。

法院要确保法规的实施。法规中可以规定设立专门法庭，消费者保护协会也可以用来维护法规的执行。

（9）监督与意见反馈

为了加强与促进法规的实施效果，有规律的监督措施是必要的，包括定期收集意见反馈，其中有使用者和消费者协会的参与。同时，应开展关于无障碍法规的教育与培训，并借用大众媒体促进法规的实施。

（10）无障碍法规的不断完善与加强

通过监督和信息反馈，根据使用者对建筑环境的要求，不断改善技术标准，不断充实无障碍法规。完善无障碍法规没有固定模式，但是有一些值得借鉴的经验与实例，如：国家法律修改与不断完善的组织程序等。

思考题

1. 无障碍法规通常涉及哪些法规?
2. 制定无障碍政策法规的目标包括哪些?
3. 完善无障碍政策法规要经历哪几个阶段?
4. 无障碍法规的规模与范围有哪些?
5. 信息无障碍建设的意义和作用有哪些?

第9章 国际通用标志

9.1 国际通用标志

城市中的道路、交通和房屋建筑，应尽可能提供多种标志和信息源，以适合各种残疾人的不同要求。例如，以各种符号和标志帮助肢残者引导其行动和到达目的地，以触觉和发声体帮助视残者判断行进的方向和位置，使人们最大范围地感知其所处环境的空间状况，缩小各种潜在的心理上的不安因素。

（1）无障碍标志的制定

国际通用的"无障碍标志牌"（图2-12）是用来帮助残疾人在视觉上确认与其有关的环境特性和引导其行动的符号，如图2-12（a）所示。标志牌为白底黑色轮椅图或黑底白色轮椅图，轮椅方向向右。当所指方向向左时，轮椅则向左。无障碍轮椅标志牌是国际康复协会于1960年在爱尔兰首都都柏林召开国际康复大会上表决通过的，是全世界一致公认的标志，不得随意改动。

（2）无障碍标志的使用范围

凡符合无障碍标准的道路和建筑物，能完好地为残疾人的通行和使用服务，并易于为残疾人所识别，应在显著位置上安装国际通用无障碍标志牌。

悬挂醒目的无障碍轮椅标志，一是使使用者一目了然，二是告知无关人员不要随意占用。标志牌是为残疾人指引可通行的方向和提供专用空间及可使用的有关设施而制定的，它告知乘轮椅者、拄拐杖者及其他残疾人可以通行、进入和使用。如城市道路、广场、公园旅游点、停车场、室外通路、坡道、出入口、电梯、电话、洗手间、轮椅席及客房等，凡有无障碍设施的地方均会设置此标志。

（3）无障碍标志牌的规格

无障碍标志牌和图形的大小与其观看的距离相匹配，规格为100mm×100mm至400mm×400m。根据需要标志牌可同时在其一侧或下方铺以文字说明和方向指示，其意义则更加明了。

国际通用无障碍标志牌对视力残疾者并无明显的意义，因为他们很难通过视觉来发现这些信息的存在，他们对环境的感知基本上是通过触觉和听觉进行。因此，在城市中的一些区域和道路及公共建筑、公园及旅游点中，应设置视残者使用的触觉地图和盲道及导盲声体、触觉信号、地理标志、变化的光源、墙面上的图形和特殊的导向装置等，指引视残者行进。

160

　　残疾人、老年人、健全人本是相辅相成，彼此协调，相互和谐的统一体，是社会经济、科技发展和人口变革的统一体，也是人类社会可持续发展的统一体。因此，完成好无障碍环境的建设，是当前工程设计工作者的崇高职责，是对自我的完善和精神的升华，是发扬中华民族助人为乐的传统美德，是人类社会文明和社会进步的一个重要标志。各种无障碍标志牌的应用如图 9-1～图 9-14 所示。

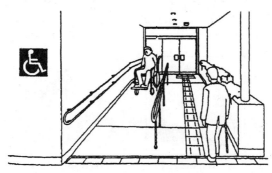

图 9-1　建筑入口及无障碍标志

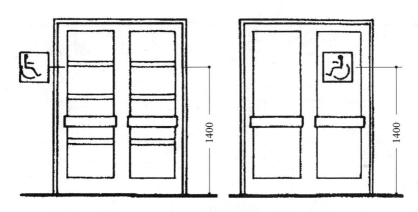

图 9-2　无障碍标志牌高度（单位：mm）

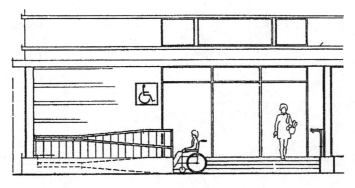

图 9-3　建筑入口坡道无障碍标志

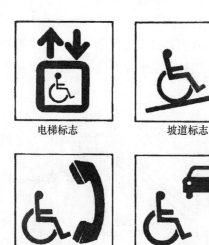

图 9-4　各种无障碍设施标志牌

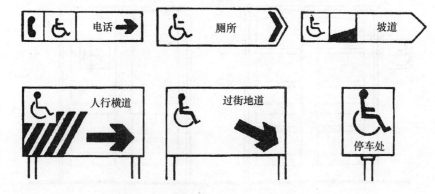

图 9-5　各种无障碍设施及通道方向标志牌

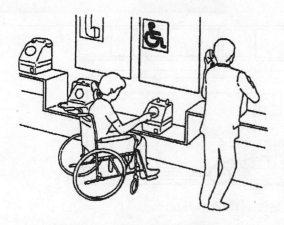

图 9-6　公用电话无障碍标志

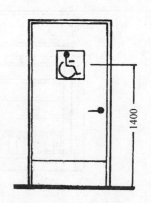

图 9-7　房间入口标志

162

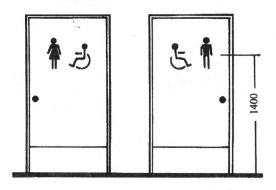

图 9-8　洗手间入口标志（单位：mm）

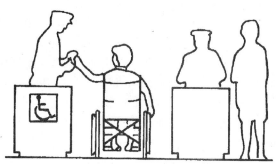

图 9-9　检票处入口标志

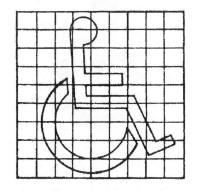

图 9-10　用大网格制作无障碍标志

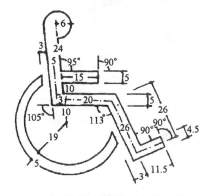

图 9-11　用比例制作无障碍标志图（单位：cm）

图 9-12　用小网格制作无障碍标志

图 9-13　北京宝辰饭店轮椅入口及标志

图 9-14　无障碍洗手间及标志

9.2　国际通用符号

　　符号是许多标志上最有用的一部分，许多标志使用者文化程度低或完全无法解读成文的标志内容，在标志中使用符号也符合国际惯例，而且使用符号的标志比文本标志篇幅短。

　　解读符号要比辨识和解读文本来得迅速。然而，符号应作为文本的补充部分，这样会更清楚地理解符号（轮椅符号可以用于卫生间、电梯等处以示残疾人可以使用。视力部分残疾者所需的符号标志则清晰度更高），如图 9-15 ~ 图 9-26 所示。

图 9-15　指示残疾人停车场的符号

图 9-16　指示残疾人可独立进入的入口的符号

图 9-17　指示带坡道入口的符号

图 9-18　指示轮椅可进入的卫生间的符号

图 9-19　指示建筑中平行通道的符号

图 9-20　指示轮椅可进入的电梯的符号

图 9-21　指示有人援助的符号

图 9-22　指示感应闭合电路的符号

图 9-23　指示可使用引路狗的符号

图 9-24　指示助听服务的符号

图 9-25　指示红外系统的符号

图 9-26　指示坐轮椅者可用电话的符号

9.3　安全出口标志

　　安全出口标志应使用绿色背景下的白色字体。字体应不小于 75mm，可能的话使用 100mm 字体。标志指示的逃生途径是供一般大众使用和只供残疾者使用的图标，如图 9-27、图 9-28 所示。

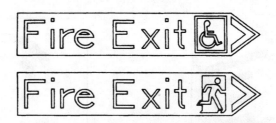

图 9-27　指示轮椅可通过的火灾疏散通道的标志

图 9-28　指示轮椅者使用路线的火灾疏散通道标志

可能的话，标志应悬置于灯具的下面，这样标志的两边都可得到均匀的照明。这时的照明亮度应高于普通照明亮度 25～40W。

思考题

1. 标志牌用于指示方向，提示哪些信息？
2. 标志牌的尺寸是如何规定的？

附录1 对建筑及相关构筑物无障碍设计的要求

一、依据公共建筑和居住建筑的使用性质，在无障碍设计时共分以下八大类型：

类　别	内　容	类　别	内　容
1	住　宅	5	教　育
2	商　业	6	社　区
3	工　业	7	农　业
4	医　疗	8	交　通

以下是针对所有应符合《城市道路和建筑物无障碍设计规范》（JGJ 50—2001），《无障碍设计规范》（JB 50763—2012）的公共建筑和居住建筑提出的建议性详细分类。

第一类：住宅

（1）单独宅院、独套单元、多套单元；

（2）职工宿舍、复合住宅、高层住宅；

（3）排房、公寓、城镇房；

（4）饭店、旅店、客房、板房、私人出租房及其他公共寄宿处。

第二类：商业

（1）办公楼；

（2）财政金融机构；

（3）购物中心、超级市场、商店；

（4）饭馆、餐饮厅；

（5）批发零售店；

（6）娱乐场所；

（7）休闲场所；

（8）丧葬场所；

（9）停车场。

第三类：工业

（1）使用不燃烧不爆炸物质的工厂；

（2）酿造厂、罐头厂、制革厂；

（3）各类木材厂；

（4）果品及纸浆加工厂；

（5）纺织及纤维厂；

（6）服装厂；

（7）玩具厂。

第四类：医疗

（1）医院及疗养院；

（2）康复中心；

（3）医疗诊所；

（4）精神病院；

（5）护理之家；

（6）养老院；

（7）妇幼保健医院。

第五类：教育

（1）学校、学院、大学；

（2）幼儿园、职业培训学校；

（3）会议厅。

具体包括教室、图书馆、一般用房、卫生间、礼堂、演讲厅、会场、剧院、音乐厅、健身房和体育场。

第六类：社区

（1）剧院、影院、礼堂、会场；

（2）音乐厅及歌剧院；

（3）图书馆、博物馆、展览馆、美术馆；

（4）市中心、文化中心；

（5）教堂、寺庙、清真寺及其他宗教场所；

（6）俱乐部、各类社交场所；

（7）各类运动场及竞技场；

（8）娱乐中心；

（9）露营地；

（10）公园及花园；

（11）广场；

（12）信息中心及电话间；

（13）孤儿院；

（14）警察局、消防站；

（15）法院；

（16）邮局；

（17）社会服务及福利中心；

（18）各类监狱。

第七类：农业

（1）苗圃、果园、菜园；

（2）乳酪及奶酪农场；

（3）谷仓；

（4）鱼塘；

（5）牲畜棚。

第八类：交通

（1）公共汽车站、停车场；

（2）出租车站；

（3）火车站；

（4）地铁站及停车场；

（5）电车站；

（6）港口、码头、渡口；

（7）机场；

（8）交通指挥站。

以上仅是指导性条目及分类，使用时应根据使用者的需要和社会条件而定。

二、适合上述各类建筑的无障碍条款

对于1~8类建筑项目，无障碍条款推荐标准见表附录1-1，特定停车位的最低标准见表附录1-2。

表附录1-1　无障碍设施推荐标准

建筑类型	最小级值
单独宅院、独套单元、多套单元	符合无障碍建筑标准的房屋不少于总量的10%
职工宿舍、复合住宅、高层住宅	每25套住宅中至少建1套无障碍住宅；其后，每100套住宅中增加1套无障碍住宅。各种出入口应符合无障碍标准
排房、公寓、城镇房	每150套住宅中至少有1套无障碍住宅；其后，每100套住宅中增加1套无障碍住宅
邮局、银行、财政服务机构	至少设置1个专门服务柜台；至少设置1个自动取款机；设置印戳机
商场、专卖店	设置无障碍购物区
宗教活动场所	出入口及主要活动区域应无障碍；清真寺：斋戒沐浴礼拜场所应无障碍；教堂：忏悔礼拜场所应无障碍；寺院：主殿庭院应无障碍
餐饮点	至少10%餐桌的座椅可以移开；全场至少2张餐桌的座椅可以移开
社区中心、各类礼堂、集会厅、影剧院等公共场所	出入口、走廊、主要社交场所、公众聚集地区应无障碍；就近设置具有无障碍设施的厕所；主要出入口休息室应设置符合无障碍标准的座椅；在座椅区为使用轮椅者设置各类适用的座椅；少于100个座位时，至少应设2个轮椅位；100~400个座位规模时，至少应设4个轮椅位；多于400个座位时，轮椅位不少于1%；轮椅位应安装轻便可移动的座位；声音环绕系统
零售店、超级市场、商业街、公共休闲聚集场所	为不能长时间站立的人设置座位；设置轮椅通道
停车场	为残疾人设置特定的停车位，尽可能靠近入口或建筑物

表附录 1-2　特定停车位的最低标准

露天或建筑物内停车场容纳总量（辆）	残疾人停车位最低标准
1 ~ 25	1
26 ~ 50	2
51 ~ 75	3
76 ~ 100	4
101 ~ 150	5
150 ~ 200	6
201 ~ 300	7
301 ~ 400	8
401 ~ 500	9
500 以下	总停位的 2%

三、公共运输的无障碍条款

1. 公路运输

（1）应明确规定公共或私人购买的交通运输工具要符合无障碍规定。研究显示，购买一辆带有升降梯的汽车，升降梯占全部造价的 5%。

（2）应明确规定使用中的公共汽车要按照无障碍规定加以改装。

（3）一辆公共汽车中至少有 4 张为残疾人特设的座椅，这些座位应靠近出入口。

（4）一辆公共汽车中应设置一个轮椅位。

（5）为不能使用干线交通的残疾人提供相应的交通服务。

（6）无障碍条款应符合农村的需求。

2. 铁路运输（包括地方铁路、地下和地上铁路、城市间铁路）

（1）应明确规定新建铁路设施要符合无障碍规定。

（2）各干线列车车站应按照无障碍规定加以改建。

（3）使用中的列车应有一节车厢按照无障碍规定加以改建。

（4）每节车厢中至少应为残疾人特设 2 个座位，这些座位应靠近出入口。

（5）在残疾人专座附近至少应设置一个残疾人卫生间。

3. 海运及河运（包括渡船、国内及国际客运）

（1）应明确规定新投入使用的客轮要符合无障碍规定。

（2）至少设置一个按照无障碍规定改建的甲板。

（3）斜坡、通道、跳板、安全设施以及至少 2 个客舱应按照无障碍规定改建。

4. 空运（包括国内及国际航班）

（1）应明确规定新投入使用的班机要符合无障碍规定。

（2）国内班机至少为残疾人设置 2 个座位，并靠近出入口。

（3）在残疾人专座附近至少应设置一个残疾人卫生间。

四、通讯系统的无障碍条款

（1）聋哑人经常是依靠其他人才能使用电话。为确保这类人能够平等地使用通讯设备，无障碍条款做了相应规定。

（2）电传视讯服务包括传真机和为听觉受损者设计的电视通讯（TDD）。TDD 可以用于发送和接收非语音信号信息，接收信息显示在纸上或终端显示器上。

（3）通过传真或 TDD 将人员引导到应急设施处。

（4）无障碍条款应确保视听受损者能够方便获取上述服务及设施的有关信息。

（5）为听觉受损者设计自动指示系统。

（6）为视觉受损者安装听觉环绕系统。

五、人行道、公路及高速公路的无障碍条款

（1）应随时考虑市区行人外出问题。应建立一个广泛的人行道系统，其中包括考虑残疾人的出行需求。

（2）应特别注重考虑在汽车及地铁各站之间建立高效的人行道。

（3）人行道应尽可能远离机动车区域，并尽可能选择平直路线，因为在缺少帮助的情况下，通过坡道对于残疾人是一件难事。

（4）人行道应与公路网形成交点，以利于残疾人或老年人方便、安全地进入或离开机动车。

（5）无障碍设计中应考虑以下设施：

①行人路口及道路；

②各类人行道；

③公路以外的停车设施；

④在公路上的停车设施；

⑤车站；

⑥车辆中途上下车区域；

⑦街道缘石；

⑧坡道；

⑨楼梯；

⑩声音交通信号；

⑪触觉警示点；

⑫触觉引道；

⑬人行道与路口颜色分明的信号标志；

⑭路标；

⑮公路附属设施；

⑯公用电话；

⑰适当的排雪设施。

六、无障碍设计要求

1. 应考虑的标准

建立无障碍环境应根据残疾类型及程度，其衡量标准可以是：

（1）要求使用轮椅；

（2）行走困难，或者要求使用拐杖、步架或其他支撑物；

（3）完全或部分视听损伤；

（4）能做少量移动；

（5）需要少量扶持；

（6）需要某种支撑的老年人。

根据上述（1）至（5）款选择建立无障碍环境所需的各尺寸数值。人体及器具尺寸可以下列标准作参照：

（1）不同体形的人的尺寸，站立及坐下时视觉及触觉的相应尺寸；

（2）辅助器具（如：轮椅）的尺寸，供辅助器具移动的范围；

（3）允许轮椅活动的适当空间。

2. 设计要素

无障碍环境同样应考虑防火原则、构件标准、环境控制系统。

下面列出无障碍环境应考虑的设计要素：

（1）建筑物入口；

（2）门及门槛；

（3）坡道；

（4）楼梯及台阶；

（5）升降梯（电梯）；

（6）建筑物的周围环境；

（7）警告标志；

（8）紧急通道；

（9）卫生设施及设备；

（10）环境控制系统；

（11）地面加工；

（12）栏杆或扶手；

（13）窗户及附属物；

（14）信息板及信息标志；

（15）照明；

（16）通讯设施；

（17）门、把手、门闩、水龙头及控制器。

附录 2   无障碍设计参考尺寸

根据无障碍设施使用情况，在进行无障碍设计时作为参考尺寸，同时需执行《无障碍设计规范》（GB 50763—2012）规定的各项条款。

注释：

（1）本参考尺寸按主题类别，共分 32 个主题。

（2）每页上面的参考表中，左边一列是残疾人分类，其他各列则是构成建筑环境分类（例如：外部环境、公共建筑、住宅、公共运输）的适用范围（如通用、城市、乡村）。

（3）所有图中的尺寸都是以 mm 表示的。尺寸后标注的"max"和"min"表示最大和最小限制距离。

（4）本标准所提供的尺寸仅供参考，不应将其视为绝对的标准。

（5）附表中"×"代表适用于特定的残疾人的建筑物类别。

通用：是指一座建筑环境中基本组成部分，例如卫生间或窗户，适用城市和乡村。

城市：适用于大城镇或城市，可以分成以下四小项：

（1）外部环境：包括公共场所如停车场、公园、园林、动物园、道路系统、人行道和停车场设施；

（2）公共建筑：是指那些公众使用的建筑物，包括政府以及私人拥有的建筑物（如：写字楼、商场、饭店等）；

（3）住宅：指居住区的私人住宅，公共或私人所有的公寓建筑；

（4）公共运输：指用于公众的运输设施和手段，包括陆地、空中以及水上运输系统。

信息技术：是指现代信息技术的应用，如为耳聋的残疾人使的电话或通信设备。

乡村：指村庄以及农村地区，包括小城镇。

安全：指安全措施，如烹饪用炉架的使用和楼梯踏步上防滑材料的使用。

表附录 2-1   分类主题

分类	主题	编号
相关尺寸	允许的空间尺寸	0
运行、环行	停车的空间尺寸	1.1
	小路和走廊	1.2
	地面和地板面	1.3
	路缘石的坡道	1.4
	盲道	1.5
	突出物	1.6
	扶手（抓杆）	1.7
	踏步和电梯	1.8
	坡道	1.9
	电梯	1.10
	门道	1.11

续表

分类	主题	编号
公共舒适性	厕所	2.1
	轮椅席位	2.2
	公园、动物园及其他娱乐场所	2.3
	标志	2.4
运输	公共汽车站	3.1
	公共汽车内部	3.2
	火车站	3.3
	火车车厢	3.4
	运输	3.5
住宅	窗户	4.1
	卧室	4.2
	浴室（淋浴室）	4.3
	洗手池	4.4
	厨房	4.5
	储藏间	4.6
	桌子	4.7
电信及公共服务设施	通讯系统	5.1
	报警系统	5.2
	电源开关和插座	5.3
	照明	5.4

0　允许的空间尺寸

适用范围	通用	城市				信息	乡村	安全
		外部环境	公共建筑	住房	运输			
身体	×							
视力								
听力								
智力								

一般要求：

适用于那些需要借助工具行走的人们，所需要的适宜空间的设计标准应符合下列要求：

（1）应给那些借助工具（例如轮椅、拐杖、步行器）行动的人们留有合适的移动空间，此项要求也适用于那些需要别人帮助行走的人，如图附录2-1～图附录2-3所示；

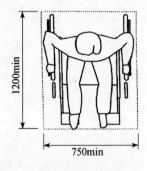

图附录2-1　空间尺寸（单位：mm）

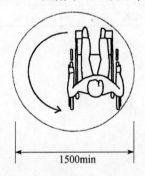

图附录2-2　空间尺寸（单位：mm）

（2）应考虑坐在轮椅上的人所有能触及的范围（包括正面、侧面以及有无障碍物的情况），如图附录2-4～图附录2-7所示；

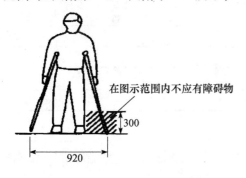

在图示范围内不应有障碍物

300

920

图附录2-3　空间尺寸（单位：mm）

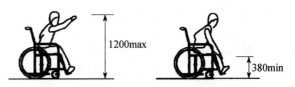

1200max

380min

图附录2-4　无障碍物的正面活动最大范围

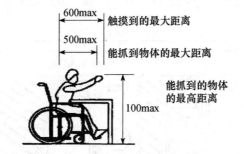

600max　触摸到的最大距离

500max　能抓到物体的最大距离

能抓到的物体的最高距离

100max

图附录2-5　越过障碍物的活动范围（单位：mm）

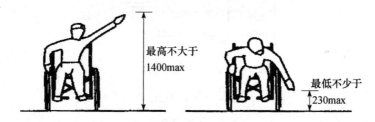

最高不大于1400max

最低不少于230max

图附录2-6　无障碍物的侧向活动范围（单位：mm）

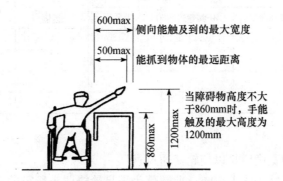

600max　侧向能触及到的最大宽度

500max　能抓到物体的最远距离

当障碍物高度不大于860mm时，手能触及的最大高度为1200mm

860max

1200max

图附录2-7　越过障碍物的侧向活动范围（单位：mm）

（3）应注意当地使用的轮椅的尺寸。

1.1 停车空间尺寸

适用范围	通用	城市				信息	乡村	安全
		外部环境	公共建筑	住房	运输			
身体	×							
视力								
听力								
智力								

一般要求：

（1）停车位应尽可能靠近通向建筑物的道路，使其距离最短，如有可能应进行不同颜色的铺设；

（2）车的周围应留出足够的空地，以使残疾人能够方便地上下车，如图附录2-8所示斑马线位置；

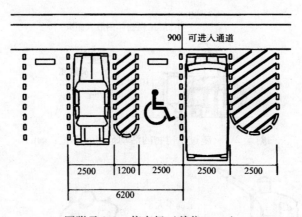

图附录2-8 停车场（单位：mm）

（3）应给载有残疾人的车辆留下停车空间，且用通用符号标识。

1.2 小路和走廊

适用范围	通用	城市				信息	乡村	安全
		外部环境	公共建筑	住房	运输			
身体	×							×
视力	×							×
听力								
智力								

一般要求：

（1）小路和走廊的宽度应足以使轮椅通过；

（2）如果走廊的宽度小于1.50m（此数据为满足轮椅调头所需的最小空间），那么应在适当的位置留出调头区；

（3）小路和走廊的表面处理应参照"地面和地板面"一节的有关规定；

（4）头上部的净空以及突出物应遵循"突出物"一节中的有关规定。

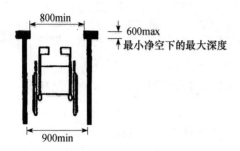

图附录2-9 单个轮椅所需的净宽尺寸
（单位：mm）

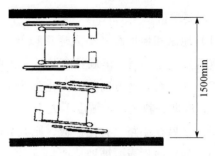

图附录2-10 两个轮椅所需的净宽尺寸
（单位：mm）

（4）头上部的净空以及突出物应遵循"突出物"一节的有关规定。

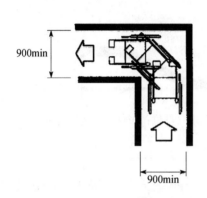

图附录2-11 轮椅转90°弯时所需的最小净空
（单位：mm）

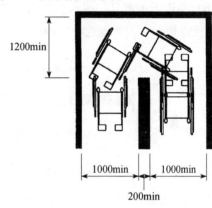

图附录2-12 轮椅绕过障碍物时所需的空间
（单位：mm）

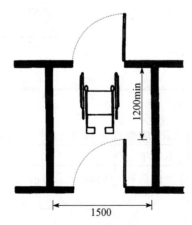

图附录2-13 内部走廊的尺寸要求（单位：mm）

1.3 地面和地板面

适用范围	通用	城市				信息	乡村	安全
		外部环境	公共建筑	住房	运输			
身体	×							×
视力	×							×
听力	×							×
智力	×							×

一般要求：

（1）地面和地板面（进入通道以及需通过的空间，包括地板、人行道、坡道、楼梯和带棱坡道）应是平缓、坚硬且有防滑阻力的；

（2）如果在垂直方向高度变化为6mm时，不必做边缘处理；如果水平变化在6～13mm之间时，应做成斜坡，且坡度不大于1:12；

（3）如果在小路上有栅栏板，则其缝隙不能大于轮椅的轮子宽度；

（4）如果地板表面铺地毯或地毯片，必须要粘结牢固。在经常有行动不便或视力有缺陷的残疾人出现的地方，不应铺设又长又厚的地毯；

（5）路的边缘宜用不同的颜色，并用线型清晰地标识出来；

（6）街道上的器具、树木、灯以及垃圾箱应位于路的一侧，且路面特征及周围颜色应有所改变以指示人们发现这些东西。

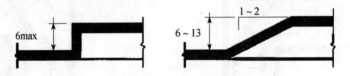

图附录2-14　内部走廊的尺寸要求（单位：mm）

1.4　路缘石的坡道

适用范围	通用	城市				信息	乡村	安全
		外部环境	公共建筑	住房	运输			
身体	×						×	
视力	×						×	
听力	×							
智力	×							

一般要求：

（1）当一条道路需跨过路缘石时应做成坡道；

（2）坡道的坡度应较缓（如小于1:12）；

（3）坡道表面的做法应遵循"地面和地板面"一节的规定。

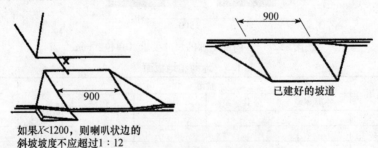

图附录2-15　坡道（单位：mm）

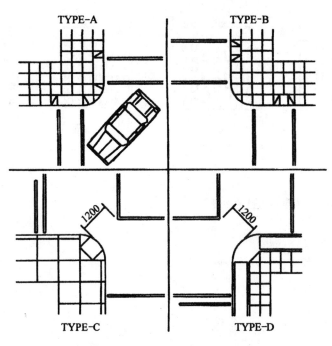

图附录 2-16　坡道的几种布置形式

1.5　能被触知的路面、指示区（统称为盲道）

适用范围	通用	城市				信息	乡村	安全
		外部环境	公共建筑	住房	运输			
身体								
视力	×						×	×
听力								
智力								

一般要求：

（1）粒状区表示警告信号，用于表示有障碍物、陡坡或其他危险情况，阻止不正确的前进方向，指示街道有转角或公路交叉点。

（2）线形区表示正确的方向，可以往前走。

（3）在以下地方应设置盲道：

前面有车辆通行的地方；

上下楼梯的出入口处或是有多级交叉装置处；

在公共交通的终点站的出入口或是上下车区域；

通向建筑物的人行道；

从一个公共设施到最近的车站应设盲道。

乡村：

在乡村，不同尺寸的石头可用于把路从坡道中隔开来，也可用来指示通向公共场所的道路。

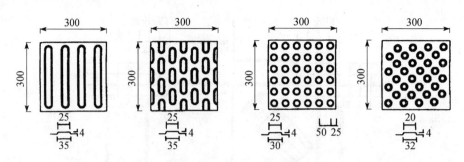

图附录 2-17　盲道类型

对于视力有缺陷的盲人各种盲道的布置

交叉地段的布置　　　　　L形　　　　　　T形

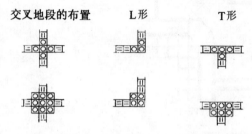

人行道以及到达下一个建筑物的导向路

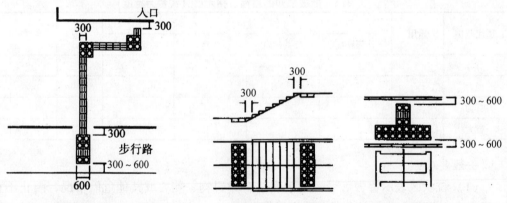

图附录 2-18　坡道的不同布置（单位：mm）　　　图附录 2-19　楼梯及过街人行横道（单位：mm）

1.6　突出物

适用范围	通用	城市				信息	乡村	安全
		外部环境	公共建筑	住房	运输			
身体								
视力	×							×
听力								
智力								

一般要求：

（1）对突出物如方向标志牌、树枝、电线、小孩玩的绳子、公共电话亭、椅子以及装饰用的各种物品，在安装时应考虑到盲人的拐杖所能触及的范围；

180

（2）在楼梯及自动扶梯下应设置障碍物，以提示盲人或视力有缺陷的人不要继续前行；

（3）人行道、门厅、走廊、顾客通道、侧房以及其他可行走空间应在头上方留出足够的空间，减少事故的发生。

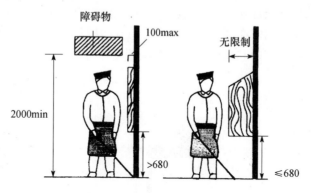

图附录 2-20　突出物（单位：mm）

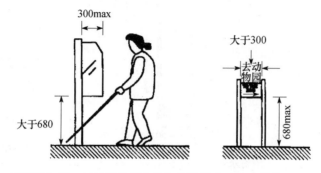

图附录 2-21　对于单独存在的物体的尺寸要求（单位：mm）

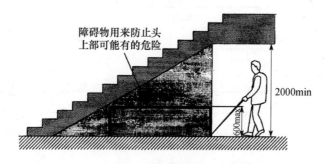

图附录 2-22　为防止头顶上危险情况所设的障碍物（单位：mm）

1.7　扶手、抓杆

适用范围	通用	城市				信息	乡村	安全
		外部环境	公共建筑	住房	运输			
身体	×							×
视力	×							×
听力								
智力	×							

一般要求：

（1）为了容易地抓住或可当做支撑，扶手或抓杆应有一定大小的直径和宽度，如图附录2-23所示；

（2）如果扶手和抓杆被连在墙上，则墙与抓杆之间应有一定的净间距；

（3）如果扶手和抓杆固定在凹处，则就要考虑到凹槽的最大深度和最小高度；

（4）在每个扶手和抓杆的起始端和末端都应设置一个写有盲文的小平板，以使盲人弄清楚他们所处的位置；

（5）扶手或抓杆的颜色应与它周围环境对比鲜明。

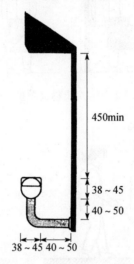

图附录2-23　扶手/抓杆（单位：mm）

1.8　踏步和楼梯

适用范围	通用	城市				信息	乡村	安全
		外部环境	公共建筑	住房	运输			
身体	×							×
视力	×							×
听力	×							×
智力	×							×

一般要求：

（1）楼梯的台阶应有统一的高度和宽度；

（2）楼梯阶梯步级的坡度应较平缓；

（3）楼梯不应有开式梯级竖板；

（4）楼梯的凸沿应尽可能小；

（5）楼梯的两侧都应装设扶手；

（6）楼梯扶手沿着楼梯走向的高度应合适，便于抓握；

（7）楼梯扶手在楼梯的底部和顶部应延伸出一段距离；

（8）位于各平台之间的楼梯高度应合适；

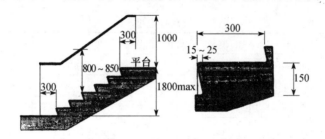

图附录 2-24　楼梯（单位：mm）

（9）中继平台的宽度和深度至少与阶梯步级的宽度一致；

（10）有关扶手的其他要求参照"扶手"一节；

（11）踏步平板应遵循"地面和地板面"一节的有关规定；

（12）楼梯边缘应涂上色彩对比强的颜色；

（13）楼梯间应有足够的照明。

1.9　坡道

适用范围	通用	城市				信息	乡村	安全
		外部环境	公共建筑	住房	运输			
身体	×						×	×
视力								
听力								
智力								

一般要求：

（1）坡道的坡度应较缓和；

（2）在垂直升高不超过 0.75m 处，应设中继平台；

（3）坡道的宽度应比单个轮椅要宽；

（4）斜坡两边都应有扶手，且在开敞边缘部分修建缘石；

（5）坡道上的扶手高度应合适，以便使用轮椅和拐杖的人很容易抓握；

（6）坡道两端的扶手不论在底部还是顶部，在水平方向都应向外延伸出一段；

（7）坡道和平台表面应是防滑的；

（8）关于扶手的其他要求参照"扶手和抓杆"一节；

（9）坡道和平台表面做法参照"地面和地板面"一节的有关规定。

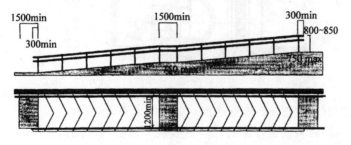

图附录 2-25　斜坡道（单位：mm）

183

1.10 电梯

适用范围	通用	城市				信息	乡村	安全
		外部环境	公共建筑	住房	运输			
身体			×	×	×			
视力			×	×	×			
听力								
智力								

一般要求：

（1）电梯内的空间应保证轮椅使用者自由地出入，且能触摸到控制器，如图附录2-26，附录2-27所示；

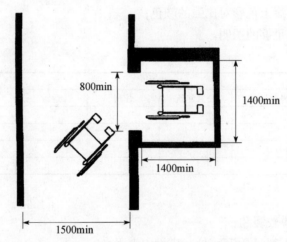

图附录2-26 电梯尺寸（单位：mm）

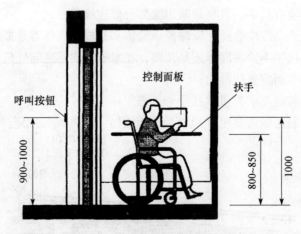

图附录2-27 控制面板和电梯中的扶手（单位：mm）

（2）电梯门的宽度应使轮椅能够进出，如图附录2-26所示；

（3）电梯开关门的装置是可调的，以给残疾人足够的时间进出；应考虑安装光电传感器来控制门的开和关；

（4）电梯间应提供可操纵轮椅的空间；

（5）电梯间内的按钮高度应便于轮椅使用者容易地摸到；

（6）所有的控制钮上应有盲文、突起的数字和符号，表明"开"和"关"；

（7）可视电梯位置的指示器应在控制面板上或在门的上方；

（8）应安装报声器以及广播所到达的楼层；

（9）应与消防部门达成一致意见，安装防火电梯，便于发生火灾时残疾人迅速疏散。

1.11　门道

适用范围	通用	城市				信息	乡村	安全
		外部环境	公共建筑	住房	运输			
身体			×	×	×			
视力		×	×	×				
听力								
智力								

一般要求：

（1）门道的宽度应能使轮椅通过（最小宽度0.90m）；

（2）门前应有可以操纵轮椅的空间，包括应该有足够的空间使之通过门的把手；

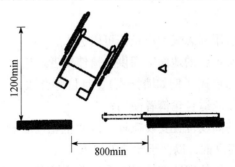

图附录2-28　推拉门（单位：mm）

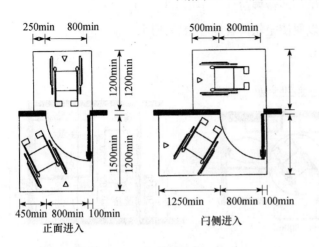

正面进入　　　　　闪侧进入

图附录2-29　门道（单位：mm）

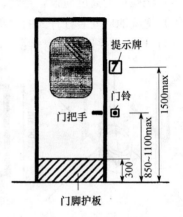

图附录2-30　门的外边（单位：mm）

185

（3）门槛的高度不应超过20mm，在门厅地板面及抬高的门槛之间的变化应用斜坡来连接，斜面应简单便于行走；

（4）门把手或其他用采开门设备的形状和高度，对于那些力气欠缺的人来说应是易于控制的；

（5）推荐使用杆式拉手的推拉形式的装置。对推拉门来说，当门全部打开时，门两边的拉手仍应能够用；

（6）为了方便视力有缺陷的人使用，门的颜色应与周围的环境区别开来；

（7）玻璃门在眼睛的视线处应有鲜明的色调或警示；

（8）对于有旋转门的地方，必须设置一个供轮椅进出的备用门。

2.1 厕所

适用范围	通用	城市				信息	乡村	安全
		外部环境	公共建筑	住房	运输			
身体	×							
视力								
听力								
智力								

一般要求：

（1）公共厕所的外边应用标志表示出轮椅可以进入；

（2）厕所或卫生间应有足够的地面空间供轮椅使用者进出；

（3）坐便器应采用特殊形式（例如墙挂式），且位置合适，使坐轮椅者可方便地使用；

（4）坐便器的座位高度应适合轮椅者使用；

（5）卫生间应在合适的高度位置安设抓杆，以使坐轮椅者和其他身体有残疾的人使用；建议采用可以向上翻折的支撑棍，以便于轮椅的出入；

（6）卫生间内的纸分配器的安装应使残疾人坐着便可以很容易地使用；

（7）其他器具如皂盒、干手器和镜子的位置应适合于坐轮椅的人；

（8）洗脸池的高度应设置合适，以便使坐轮椅者能轻松地使用；

（9）洗脸池应安装杠杆式的龙头；

（10）地板应采用防滑材料；

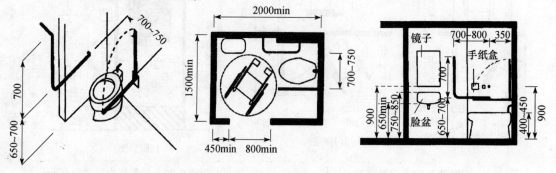

图附录2-31 卫生间（单位：mm）

（11）门可以是推拉式的，也可以是向外开启式的；

（12）卫生间门锁的形式应采用在外面能开启的，这样在发生紧急事件时门能从外边打开。

2.2　轮椅席位

适用范围	通用	城市				信息	乡村	安全
		外部环境	公共建筑	住房	运输			
身体	×		×					
视力								
听力								
智力								

一般要求：

（1）适用于在音乐厅、会堂、戏院及其他类似的场所所设的轮椅位置；

（2）应在不同方位给残疾人提供容易进场的位置，以便能给他们在门票价格上有不同的选择。

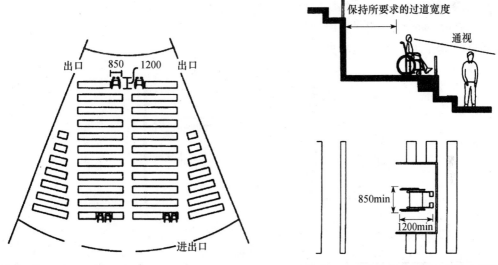

图附录2-32　音乐厅内轮椅位置（单位：mm）

图附录2-33　轮椅在音乐厅和剧院内所要求的空间（单位：mm）

2.3　公园、动物园及其他娱乐场所

适用范围	通用	城市				信息	乡村	安全
		外部环境	公共建筑	住房	运输			
身体	×						×	×
视力	×						×	
听力	×						×	
智力	×						×	

一般要求：

（1）通往公园以及公园内的道路应大致水平；如果不同高度的差别不可避免，应修坡道或坡道加楼梯；

在高度有变化地方的前面和后面都应设平台；

若修建坡道，参见"坡道"一节；

若修建台阶，参见"楼梯"一节。

（2）道路表面处理应采用防滑材料；

（3）在高度有变化的地方，如楼梯，表面材料应用不同的对比颜色，并做盲道；

（4）进入通道和小路的宽度应适合于轮椅（宽度一般为1.80m，不能小于0.90m）；

（5）公园道路不应设排水明沟，若不得不修建排水明沟，必须上覆盖子；

（6）明沟上的盖子的狭槽必须很小，以免拐杖或是轮椅的轮胎被卡住；

（7）公园内应设有关设施的信息提示板，板应大一些，对比鲜明，且有灯饰，以便于阅读，同时也应用盲文书写；

（8）长椅、垃圾箱和饮水处周围的空间应大小合适，以便坐轮椅者使用；

（9）长椅应沿公园的道路设置；

（10）应为盲人提供盲道；

（11）在需要的地方、娱乐场所应设扶手（见"扶手"一节）；

（12）在娱乐场所也应提供厕所（见"厕所"一节）；

（13）娱乐场所的停车场，参见"停车空间尺寸"一节。

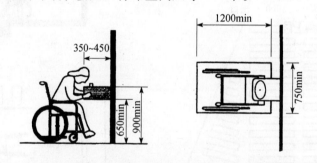

图附录2-34 饮水处（单位：mm）

2.4 标志牌

适用范围	通用	城市				信息	乡村	安全
		外部环境	公共建筑	住房	运输			
身体	×							
视力	×							
听力	×							
智力	×							

一般要求：

（1）标志牌的颜色应强烈，且表面突出，以便盲人通过触摸以获得信息；

（2）应采用普遍接受的简单符号和颜色。绿色表示可以前进，黄色或淡黄色表示冒险或需要小心，红色表示危险；

（3）一个建筑物应使用一个清楚的标志系统，在每个改变方向处应采用同样高度和同样形式的标志；

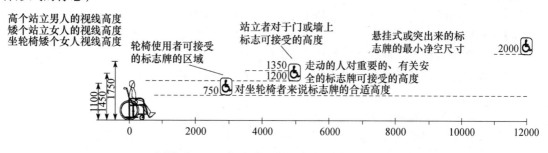

图附录 2-35　标志牌悬挂的高度（单位：mm）

（4）标志牌的高度参照"突出物"一节。

3.1　公共汽车站

适用范围	通用	城市				信息	乡村	安全
		外部环境	公共建筑	住房	运输			
身体	×				×		×	×
视力					×		×	
听力					×		×	
智力					×		×	

一般要求：

（1）为方便视力缺陷者，应在人行道旁距车站柱子 0.30m 处设两排盲道；

（2）公共汽车站的柱子在黑天后也仍能清晰可见；

（3）公共汽车站应装设顶棚和长椅，如图附录 2-36 所示。

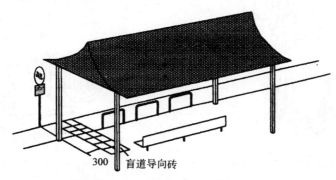

300　盲道导向砖

图附录 2-36　公共汽车站（单位：mm）

3.2　公共汽车内部

适用范围	通用	城市				信息	乡村	安全
		外部环境	公共建筑	住房	运输			
身体					×		×	×
视力					×		×	
听力					×		×	
智力					×		×	

一般要求：

1. 门

（1）汽车门的宽度应足够一个轮椅上下车（最小 0.90m）；

（2）台阶应安得低一些；

（3）门道应有扶手、地灯，地板应是由防滑材料做的；

（4）在门道处应提供必要的设施如升降机或坡道，供坐轮椅者使用。

2. 轮椅的空间

（1）在车内应给轮椅提供合适的空间，且不影响其他乘客上下车；

（2）轮椅的空间不论在车里还是在车外都应该用标准符号标出，便于轮椅进入；

（3）应提供轮椅固定器和安全带。

3. 座位

在靠近车门附近的地方应设两个特定的座位供残疾人和老年人使用。

4. 发光的蜂鸣器

（1）在车内应提供合适数量的发光蜂鸣器，且应布置在对于坐着和站着的旅客都能很容易触摸到的地方；

（2）发光蜂鸣器的按钮应清晰且大小合适。

5. 信息标志牌

（1）公共汽车站沿线的所有站名都应在车厢内合适的位置用文字标识出来，最好也能广播出来；

（2）公共汽车站路线及其终点站都应在车体的前方和侧面用大字标明，且此信息应用灯光照亮，以便人们在黑夜里也能看见。

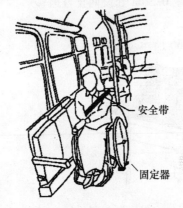

图附录 2-37　汽车内轮椅的位置

图附录 2-38　汽车升降机

3.3　火车站

适用范围	通用	城市				信息	乡村	安全
		外部环境	公共建筑	住房	运输			
身体				×			×	
视力				×			×	
听力				×			×	
智力				×			×	

一般要求：

1. 进站

进站道路应没有高度变化。如果此变化不可避免，应采取坡道或坡道加楼梯。

2. 表面铺设

（1）道路应用防滑材料修建。在那些表面不在一个平面上的地方，例如楼梯与地面相连接的地方，不论是进入还是走出这个区域，则希望两者表面的颜色对比强烈；

（2）进站道路应为视力有缺陷的人设立盲道（见"盲道"一节）；

（3）如果进站路与汽车行驶的路平行，为保证行人的安全，应设防护杆。

3. 车站的进口和出口

（1）车站的进口和出口在高程上不应有变化。如果高程有变化则应设坡道或坡道加楼梯（坡道见"坡道"一节，楼梯见"楼梯"一节）；

（2）靠近进出口附近的停车场最好能画出来，供能装载轮椅的车辆使用（见"停车场"一节）。

4. 站内大厅

（1）站内大厅的宽度不能小于1.80m；

（2）站内大厅地面应是水平的。如果不水平，应设坡道或坡道加楼梯（坡道见"坡道"一节，楼梯见"楼梯"一节）；

（3）大厅地面应是由防滑材料修建的。当地面不平时，如有台阶，那么表面应用颜色对比区别开来；

（4）应确保立柱、标志牌及其他装置物不要伸出墙面（参见"突出物"一节）；

（5）大厅内应为盲人修建盲道（见"盲道"一节），如图附录2-39所示。

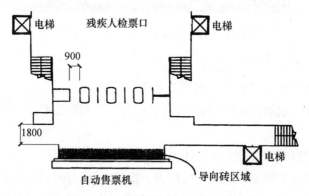

图附录2-39　火车站大厅（单位：mm）

5. 楼梯

详见"踏步和楼梯"一节。

6. 升降机（电梯）

（1）为使残疾人能上下楼，应安装升降机（电梯）；

（2）距离升降机（电梯）按钮0.30m处应为盲人设两个指示牌；

（3）其他详情见"电梯"一节。

7. 厕所

（1）应为坐轮椅者和其他乘客安设坐式便器和洗手池；

（2）其他同"厕所"一节。

8. 留言台和问讯处

（1）留言台和问讯处不应有阻止轮椅靠近的障碍物；

（2）柜台高度不能超过 0.85m。

9. 检票门

（1）至少有一个检票门的宽度能使坐轮椅者轻松通过；

（2）一个检票门应有连续的为盲人指路的盲道；

（3）其他详见"盲道"一节。

10. 自动售票机

（1）投币孔高度合适，应使坐轮椅者很容易地塞入硬币，如图附录 2-40 所示；

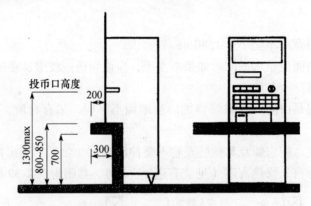

图附录 2-40　自动售票机（单位：mm）

（2）自动售票机下应留有放膝盖的空间；

（3）在离自动售票机 0.30m 处应设盲人指引区；

（4）买票用按钮、取消按钮应用盲文或其他"凸"字的形式。

11. 信息

（1）信息牌应用容易看清的大个楷体书写，文字清晰且有照明；

（2）最好也能用盲文印制一份火车时刻表、价目表和与旅行有关的信息；

（3）火车的出站和到站信息都必须清楚地表示出来，可用电子显示牌，另外可用广播来宣布。

12. 站台

（1）离站台边缘 0.80m 或更宽一点的地方设一排点状指示区；

（2）站台表面铺设的材料必须是防滑的；

（3）设在站台上的楼梯、凉亭和垃圾箱不应妨碍盲人和轮椅的通行；

（4）站台上应设长椅。

3.4 火车车厢

适用范围	通用	城市				信息	乡村	安全
		外部环境	公共建筑	住房	运输			
身体	×				×		×	
视力					×		×	
听力					×		×	
智力					×		×	

一般要求：

1. 关于火车和地铁车厢的车门

（1）车厢门的宽度应足够轮椅上下（最小宽度0.90m）；

（2）车门和站台的距离和高差应减小到可能达到的最低程度。

2. 关于通道

通道的宽度必须能满足坐轮椅旅客的要求。

3. 关于轮椅的空间

（1）在靠近门一侧应留出放轮椅的位置；

（2）轮椅的位置不论在车内还是在车外都应用通用符号标识，便于人们使用；

（3）应装设轮椅使用者可用来抓握的安全抓手。

4. 信息牌和播音

（1）设立火车沿线地图；

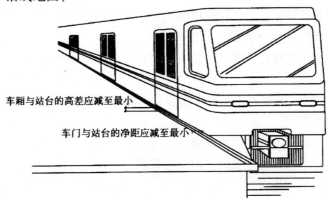

图附录2-41 地铁车厢、车门与站台间的高差和净距

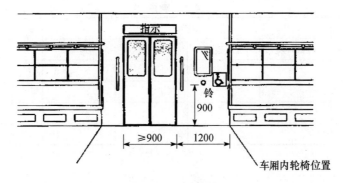

图附录2-42 车厢内轮椅位置（单位：mm）

193

（2）在每节车厢里应广播提供火车沿线各站的名称。

3.5 运输

适用范围	通用	城市				信息	乡村	安全
		外部环境	公共建筑	住房	运输			
身体					×		×	×
视力					×		×	
听力					×		×	
智力					×		×	

一般要求：

1. 关于出租站台

（1）人行道上距出租车站牌 0.30m 地方，应为盲人提供两排指示区域；

（2）出租站牌在黑天也应看得见；

（3）为使轮椅使用者能容易地上出租车，从出租车的位置到道路之间，应避免突然的高度变化。

2. 出租车内部

建议改造出租车使其能适应旅客坐在轮椅中上下车。

3. 机场（参见"机场"一节）

（1）飞机门的宽度对轮椅使用者来说是合适的；

（2）飞机内部的通道宽度应适用轮椅使用者；

（3）飞机上的厕所详见"厕所"一节；

（4）当旅客要使用呼吸保护器时，插头应在容易拿到并插到插座内的位置。

4. 码头

码头建筑除站台外，其他与火车站相似。

5. 轮船和渡船内部

（1）门宽度对轮椅使用者来说要适合；

（2）内部过道宽度要满足坐轮椅者的使用要求；

（3）船上的厕所见"厕所"一节；

（4）确保轮椅使用者在轮船航行过程中的稳定性，船上应提供安全带。

4.1 窗户

适用范围	通用	城市				信息	乡村	安全
		外部环境	公共建筑	住房	运输			
身体		×	×				×	
视力								
听力								
智力								

一般要求：

（1）窗户应在坐轮椅者能够使用的高度上安装把手或控制器；

194

（2）窗户对坐轮椅者应有一个无阻视线区；

（3）窗帘或软百叶帘的控制开关或绳子应能使坐轮椅者行使用。

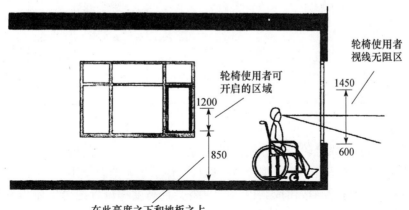

图附录2-43　窗子（单位：mm）

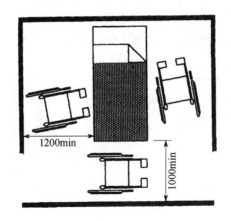

图附录2-44　卧室

4.2　卧室

适用范围	通用	城市				信息	乡村	安全
		外部环境	公共建筑	住房	运输			
身体			×	×			×	
视力								
听力			×	×				
智力								

（1）床周围的空间应宽度合适，便于轮椅进入；

（2）床周围的空间应够轮椅回转或有人帮助可以回转；

（3）床的高度要适合坐轮椅的人容易上床；

（4）床边应有一个高度合适的桌子，使得人躺在床上也能够拿到东西。

4.3 浴室（淋浴室）

适用范围	通用	城市				信息	乡村	安全
		外部环境	公共建筑	住房	运输			
身体			×	×			×	
视力								
听力								
智力								

一般要求：

（1）淋浴室内应有供坐轮椅者方便使用的高度和宽度都合适的椅子；

（2）淋浴室内应有高度和位置都合适的抓杆，便于坐轮椅者使用；

（3）淋浴室内应有呼叫按钮或其他信号设备，且高度和位置适合坐轮椅者在发生紧急事件时使用；

（4）在浴室旁应有足够的轮椅回转的空间；

（5）浴室的门锁或拉钩应使用那种在外面可以开启的形式，以备有紧急情况时使用；

（6）浴室的门应采用滑动拉门或向外开启的；

（7）这些条款同样适用于那些面对低收入家庭的公共浴室。

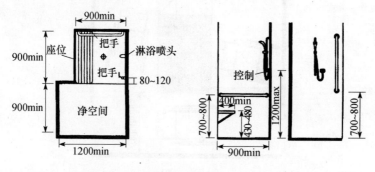

图附录 2-45　带有椅子的浴室（单位：mm）

4.4 洗手池

适用范围	通用	城市				信息	乡村	安全
		外部环境	公共建筑	住房	运输			
身体	×							
视力								
听力								
智力								

一般要求：

（1）洗手池的高度和位置应安装合适，便于坐轮椅者使用；

（2）洗手池下应有足够的空间供坐轮椅者放膝盖和脚；

（3）洗手池前边应给坐轮椅者留出足够的空间供他们操作轮椅使用；

（4）镜子的位置也应安装合适，便于坐轮椅者使用。

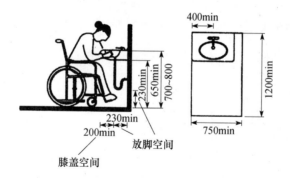

图附录 2-46　洗手盆（单位：mm）

4.5　厨房

适用范围	通用	城市				信息	乡村	安全
		外部环境	公共建筑	住房	运输			
身体			×	×			×	
视力								
听力								
智力								

一般要求：

（1）地板表面应是防滑的；

（2）工作台、洗菜池和灶台应在一个高度上，且此高度对使用轮椅的人来说是合适的；

（3）工作台和洗菜池的下面应留有放膝盖的空间；

（4）厨房内地上空间应足够大，便于轮椅在工作台、洗菜池和灶台之间移动；

（5）水龙头最好是混合型的，带有杆式把手；

（6）烹饪设备若有开关或按钮应位于它们的前面，且便于各种残疾人安全方便地使用；

（7）位置合适的话，烤箱门的活页应朝下开；

（8）使用固体燃料的炉子，在设计时应考虑到坐轮椅者、挂拐杖者和盲人能移动的空间和操作的安全性。

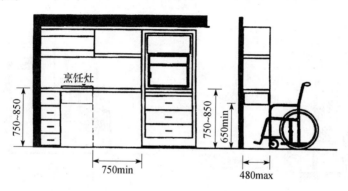

图附录 2-47　烹饪台（单位：mm）

197

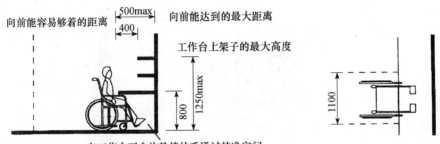

图附录 2-48　工作台（单位：mm）

4.6　储藏间

适用范围	通用	城市				信息	乡村	安全
		外部环境	公共建筑	住房	运输			
身体			×	×			×	
视力								
听力								
智力								

一般要求：

（1）门附近应留出可存放轮椅的地方（折叠或不折叠）；

（2）各种物品的存贮空间（架子、衣室内轨条、碗柜和抽屉）的高度和延伸范围应在坐轮椅者能达到的范围之内；

（3）在储藏室最下边应提供凹形底座，供坐轮椅者放脚休息；

（4）碗柜和抽屉的拉手应采取那种很容易被那些抓握和推拉力气有限的人使用的形式；

（5）在居住区的公共设施内应为每一个使用者提供能上锁的抽屉；

（6）冰箱应在适当位置，以便坐轮椅者使用；

（7）为使坐在轮椅上的人能打开碗柜和冰箱的门；应留出他们可以完成这些操作所需的地面空间。

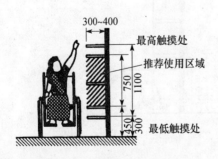

图附录 2-49　存储空间（单位：mm）

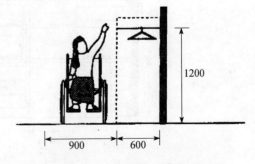

图附录 2-50　更衣室（单位：mm）

4.7　桌子

适用范围	通用	城市				信息	乡村	安全
		外部环境	公共建筑	住房	运输			
身体		×	×				×	
视力								
听力								
智力								

一般要求：

（1）桌子旁应为轮椅留出足够的空间；

（2）应提供轮椅靠近和离开桌子所需的空间。

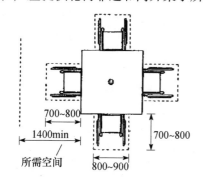

图附录2-51　到方桌旁（单位：mm）

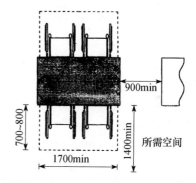

图附录2-52　到长桌旁（单位：mm）

5.1　通讯系统

适用范围	通用	城市				信息	乡村	安全
		外部环境	公共建筑	住房	运输			
身体							×	
视力							×	
听力								
智力								

1. 一般要求

（1）电话亭附近应能使坐轮椅者并排或前后次序打电话；

（2）亭子的门及固定的椅子不应阻止轮椅的进出，电话亭内可用折叠椅代替固定座椅；

（3）电话的最高部分不应超出坐着打电话的人所能触及的范围；

（4）电话下面应留出放膝盖的地方；

（5）电话应有按钮控制器；

（6）应提供电话机和手持话筒之间连接的长电话线；

（7）特别推荐电话应有"免提"接收器。

2. 为耳聋人提供的通讯设备（TDD）

（1）为耳聋人提供通讯服务的设施应建在收费电话旁边；

（2）TDD 应用"TDD"符号标识；

（3）收费电话应有助听装置；

（4）收费电话应可对音量进行控制；

（5）可视提示装置应安装在办公室、工地、宾馆客房和家中，以提示听力有缺陷的人去接听电话。

3. 助听器

（1）人群会集的地方、会场、会议室应给听力有欠缺的人提供助听器；

（2）商场内应有各种助听系统出售，包括声音感应环行线、视频系统、红外线发射装置；

（3）在以下地点应提供助听器：

戏院、音乐厅、礼堂、体育场和其他文化活动场所；

博物馆、画廊及其他公共展示场所；

动物园和游乐园。

4. 传真机

传真机对听力差的人来说是一个可用的通讯工具，应在邮局、商业区、公共场所和家里很容易地使用这个工具。

5. 手语翻译

应给手语翻译者提供适宜的灯光和抬高了的讲台及耳机。

6. 盲文

（1）在经常有盲人出现的地方应有盲文符号或是使用突起的字；

（2）文字或符号以及所有的背景应是不刺眼的，且应与背景形成鲜明对比；

（3）应安装"通话联络信号"装置。

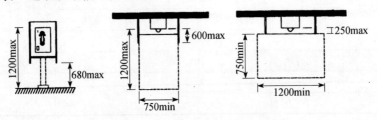

图附录2-53　电话台（单位：mm）

5.2　报警系统

适用范围	通用	城市				信息	乡村	安全
		外部环境	公共建筑	住房	运输			
身体								
视力						×	×	
听力						×	×	
智力								

一般要求：

关于音乐报警、振动报警以及如何逃离危险区的指示：

（1）如果安装了类似音乐报警或振动报警系统，就意味着给残疾人提供了一种报警的手段；

（2）应为听力有问题的残疾人安装可视报警系统；

（3）附近应有插座，以便连接到报警系统，包括枕头下边的振动报警器。

5.3 电源开关和插座

适用范围	通用	城市				信息	乡村	安全
		外部环境	公共建筑	住房	运输			
身体								
视力						×		×
听力						×		×
智力								

一般要求：

电源开关和插座的位置及高度应安装合适，便于坐轮椅者使用。

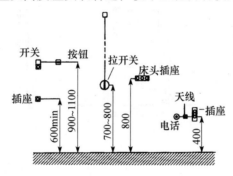

图附录2-54 电源开关和插座（单位：mm）

5.4 照明

适用范围	通用	城市				信息	乡村	安全
		外部环境	公共建筑	住房	运输			
身体								
视力	×	×	×	×	×		×	×
听力	×	×	×	×	×		×	×
智力								

一般要求：

（1）设备安装应适宜，分布合理，避免太亮的光线；

（2）楼梯间也应有适当的照明。

附录3 无障碍设计尺寸图示

1. 助行器类别及规格（mm）：

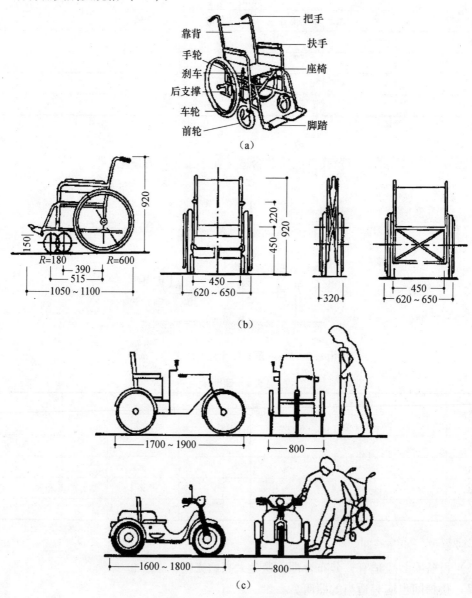

图附录3-1 轮椅名称及尺寸

（a）轮椅各部位名称及尺寸；（b）轮椅各部位尺寸；（c）残疾人机动三轮车尺寸

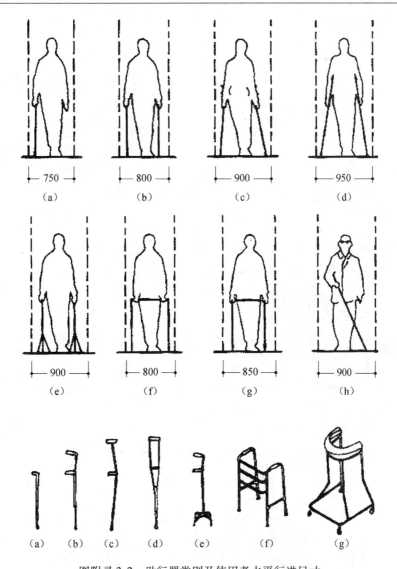

图附录 3-2　助行器类别及使用者水平行进尺寸

（a）手杖；（b）下臂杖；（c）上臂杖；（d）拐杖；（e）多足杖；（f）步行架；（g）步行车；（h）盲杖；

2. 轮椅移动面积参数：

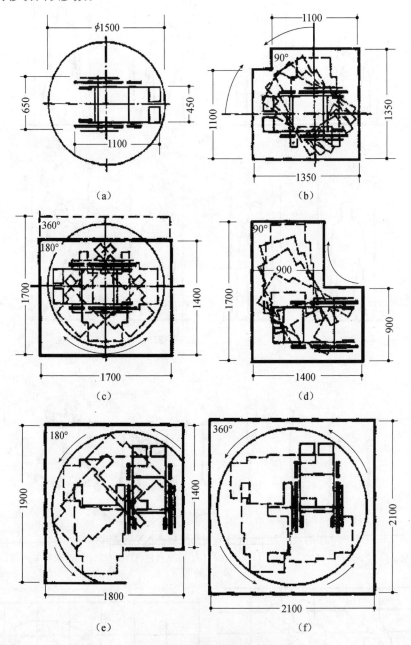

图附录3-3　轮椅移动面积参数

（a）轮椅旋转最小直径为1500mm；
（b）轮椅旋转90°所需最小面积为1350mm×1350mm；
（c）以两轮中央为中心旋转180°所需最小面积为1400mm×1700mm；
（d）直角转弯时所需最小弯道面积为1700mm×1400mm；
（e）以一个轮为中心旋转180°所需最小面积为1800mm×1900mm；
（f）以一个轮为中心旋转360°所需最小面积为2100mm×2100mm

3. 乘轮椅者上肢到达范围（mm）：

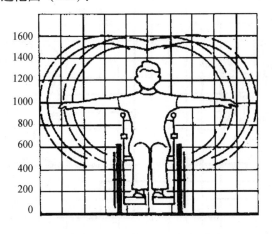

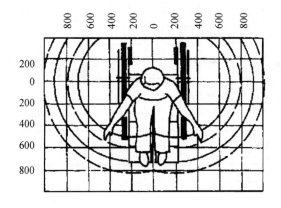

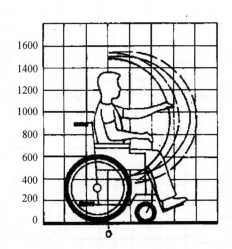

图附录 3-4 乘轮椅者上肢到达范围

注：（1）实线表示女性手所能达到的范围；

（2）虚线表示男性手所能达到的范围；

（3）内侧线为端坐时手所能达到的范围；外侧线为身体外倾或前倾时手所能达到的范围。

4. 乘轮椅者使用设施参考尺寸（mm）：

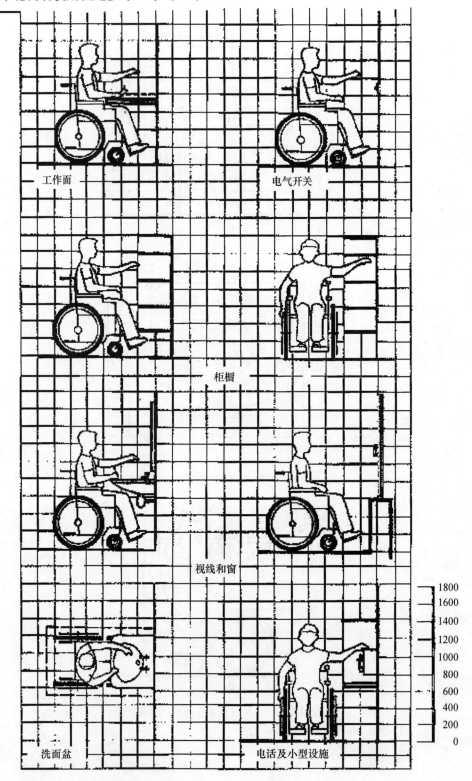

工作面　　　　　　　　电气开关

柜橱

视线和窗

洗面盆　　　　　　　　电话及小型设施

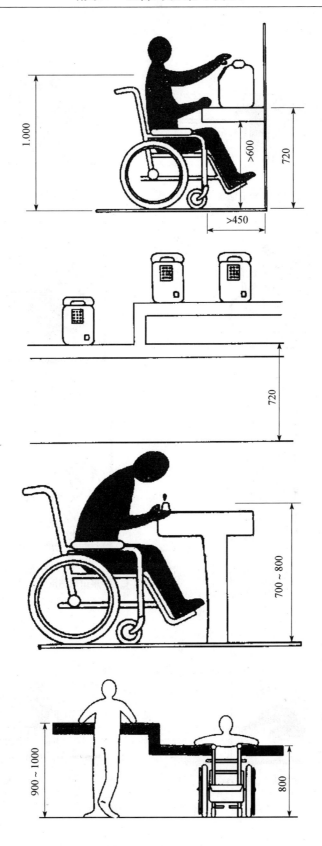

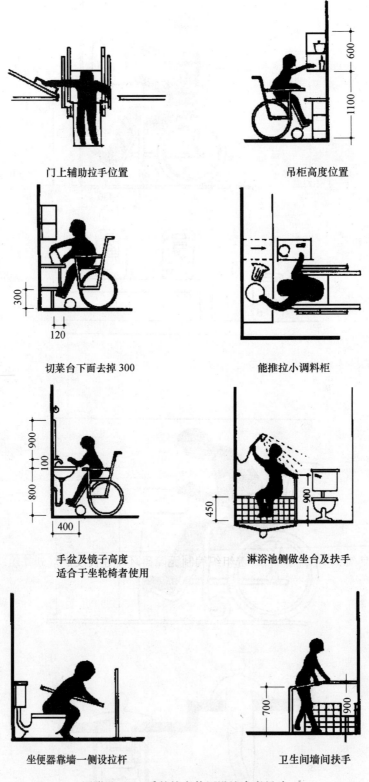

门上辅助拉手位置　　　　　　　　吊柜高度位置

切菜台下面去掉 300　　　　　　　能推拉小调料柜

手盆及镜子高度
适合于坐轮椅者使用　　　　　　淋浴池侧做坐台及扶手

坐便器靠墙一侧设拉杆　　　　　　卫生间墙间扶手

图附录 3-5　乘轮椅者使用设施参考尺寸

附录4　无障碍环境建设条例

中华人民共和国国务院令

第 622 号

《无障碍环境建设条例》已经 2012 年 6 月 13 日国务院第 208 次常务会议通过，现予公布，自 2012 年 8 月 1 日起施行。

总理　温家宝

二〇一二年六月二十八日

无障碍环境建设条例

第一章　总　则

第一条　为了创造无障碍环境，保障残疾人等社会成员平等参与社会生活，制定本条例。

第二条　本条例所称无障碍环境建设，是指为便于残疾人等社会成员自主安全地通行道路、出入相关建筑物、搭乘公共交通工具、交流信息、获得社区服务所进行的建设活动。

第三条　无障碍环境建设应当与经济和社会发展水平相适应，遵循实用、易行、广泛受益的原则。

第四条　县级以上人民政府负责组织编制无障碍环境建设发展规划并组织实施。

编制无障碍环境建设发展规划，应当征求残疾人组织等社会组织的意见。

无障碍环境建设发展规划应当纳入国民经济和社会发展规划以及城乡规划。

第五条　国务院住房和城乡建设主管部门负责全国无障碍设施工程建设活动的监督管理工作，会同国务院有关部门制定无障碍设施工程建设标准，并对无障碍设施工程建设的情况进行监督检查。

国务院工业和信息化主管部门等有关部门在各自职责范围内，做好无障碍环境建设工作。

第六条　国家鼓励、支持采用无障碍通用设计的技术和产品，推进残疾人专用的无障碍技术和产品的开发、应用和推广。

第七条　国家倡导无障碍环境建设理念，鼓励公民、法人和其他组织为无障碍环境建设提供捐助和志愿服务。

第八条 对在无障碍环境建设工作中做出显著成绩的单位和个人，按照国家有关规定给予表彰和奖励。

第二章 无障碍设施建设

第九条 城镇新建、改建、扩建道路、公共建筑、公共交通设施、居住建筑、居住区，应当符合无障碍设施工程建设标准。

乡、村庄的建设和发展，应当逐步达到无障碍设施工程建设标准。

第十条 无障碍设施工程应当与主体工程同步设计、同步施工、同步验收投入使用。新建的无障碍设施应当与周边的无障碍设施相衔接。

第十一条 对城镇已建成的不符合无障碍设施工程建设标准的道路、公共建筑、公共交通设施、居住建筑、居住区，县级以上人民政府应当制定无障碍设施改造计划并组织实施。

无障碍设施改造由所有权人或者管理人负责。

第十二条 县级以上人民政府应当优先推进下列机构、场所的无障碍设施改造：

（一）特殊教育、康复、社会福利等机构；

（二）国家机关的公共服务场所；

（三）文化、体育、医疗卫生等单位的公共服务场所；

（四）交通运输、金融、邮政、商业、旅游等公共服务场所。

第十三条 城市的主要道路、主要商业区和大型居住区的人行天桥和人行地下通道，应当按照无障碍设施工程建设标准配备无障碍设施，人行道交通信号设施应当逐步完善无障碍服务功能，适应残疾人等社会成员通行的需要。

第十四条 城市的大中型公共场所的公共停车场和大型居住区的停车场，应当按照无障碍设施工程建设标准设置并标明无障碍停车位。

无障碍停车位为肢体残疾人驾驶或者乘坐的机动车专用。

第十五条 民用航空器、客运列车、客运船舶、公共汽车、城市轨道交通车辆等公共交通工具应当逐步达到无障碍设施的要求。有关主管部门应当制定公共交通工具的无障碍技术标准并确定达标期限。

第十六条 视力残疾人携带导盲犬出入公共场所，应当遵守国家有关规定，公共场所的工作人员应当按照国家有关规定提供无障碍服务。

第十七条 无障碍设施的所有权人和管理人，应当对无障碍设施进行保护，有损毁或者故障及时进行维修，确保无障碍设施正常使用。

第三章 无障碍信息交流

第十八条 县级以上人民政府应当将无障碍信息交流建设纳入信息化建设规划，并采取措施推进信息交流无障碍建设。

第十九条 县级以上人民政府及其有关部门发布重要政府信息和与残疾人相关的信息，应当创造条件为残疾人提供语音和文字提示等信息交流服务。

第二十条 国家举办的升学考试、职业资格考试和任职考试，有视力残疾人参加的，应当为视力残疾人提供盲文试卷、电子试卷，或者由工作人员予以协助。

第二十一条　设区的市级以上人民政府设立的电视台应当创造条件，在播出电视节目时配备字幕，每周播放至少一次配播手语的新闻节目。

公开出版发行的影视类录像制品应当配备字幕。

第二十二条　设区的市级以上人民政府设立的公共图书馆应当开设视力残疾人阅览室，提供盲文读物、有声读物，其他图书馆应当逐步开设视力残疾人阅览室。

第二十三条　残疾人组织的网站应当达到无障碍网站设计标准，设区的市级以上人民政府网站、政府公益活动网站，应当逐步达到无障碍网站设计标准。

第二十四条　公共服务机构和公共场所应当创造条件为残疾人提供语音和文字提示、手语、盲文等信息交流服务，并对工作人员进行无障碍服务技能培训。

第二十五条　举办听力残疾人集中参加的公共活动，举办单位应当提供字幕或者手语服务。

第二十六条　电信业务经营者提供电信服务，应当创造条件为有需求的听力、言语残疾人提供文字信息服务，为有需求的视力残疾人提供语音信息服务。

电信终端设备制造者应当提供能够与无障碍信息交流服务相衔接的技术、产品。

第四章　无障碍社区服务

第二十七条　社区公共服务设施应当逐步完善无障碍服务功能，为残疾人等社会成员参与社区生活提供便利。

第二十八条　地方各级人民政府应当逐步完善报警、医疗急救等紧急呼叫系统，方便残疾人等社会成员报警、呼救。

第二十九条　对需要进行无障碍设施改造的贫困家庭，县级以上地方人民政府可以给予适当补助。

第三十条　组织选举的部门应当为残疾人参加选举提供便利，为视力残疾人提供盲文选票。

第五章　法律责任

第三十一条　城镇新建、改建、扩建道路、公共建筑、公共交通设施、居住建筑、居住区，不符合无障碍设施工程建设标准的，由住房和城乡建设主管部门责令改正，依法给予处罚。

第三十二条　肢体残疾人驾驶或者乘坐的机动车以外的机动车占用无障碍停车位，影响肢体残疾人使用的，由公安机关交通管理部门责令改正，依法给予处罚。

第三十三条　无障碍设施的所有权人或者管理人对无障碍设施未进行保护或者及时维修，导致无法正常使用的，由有关主管部门责令限期维修；造成使用人人身、财产损害的，无障碍设施的所有权人或者管理人应当承担赔偿责任。

第三十四条　无障碍环境建设主管部门工作人员滥用职权、玩忽职守、徇私舞弊的，依法给予处分；构成犯罪的，依法追究刑事责任。

第六章　附　则

第三十五条　本条例自 2012 年 8 月 1 日起施行。

参 考 文 献

［1］田雪原．中国人口年鉴［M］．北京：中国社会科学出版社，1986

［2］白德懋．恩济里小区规划理论与实践［M］．北京：中国建筑工业出版社，1996

［3］华北地区建筑设计标准化办公室编．建筑构造通用图集88JXl，1995

［4］刘管平．建筑小品实录［M］．北京：中国建筑工业出版社，1983

［5］任福田．城市道路规划与设计［M］．北京：中国建筑工业出版社，1982

［6］狄亚．残疾人抽样调查资料［R］．北京：国家统计局，1989

［7］邵孝供．道路交通事故的救护与防范［M］．北京：华夏出版社，1992

［8］李政隆．适应残障者之环境规划［M］．大连：大连出版社，1986

［9］姜维龙．人行天桥造型设计［M］．北京：中国建筑工业出版社，1992

［10］奚从清．残疾人社会学［M］．北京：华夏出版社，1993

［11］徐白仑．盲人生活指南［M］．北京：华夏出版社，1995

［12］野村欢．残疾人、老年人住宅改造措施［M］．东京：东京印书馆，1989

［13］郭钦培．无障碍设计之建筑观［M］．詹氏书局，1990

［14］Jane Randolph Cary. How to Create Interiors for the Disabled. Pantheon Books，New York. 1978

［15］Johnlngram. Accessibility Modifications. Special Office the Handicapped［R］. 1980

［16］Transport Planning & Design Manual of Facilities for the Disabled［R］. 1987

［17］Yokohama City Guidelines for Improving Barrier-Free Access in the Urban Environment［R］. The City of Yo-kohama. 1991

［18］《中华人民共和国工程建设标准强制性条文·房屋建筑部分（2002年版）》［M］．北京：电子出版社．

［19］同济大学．房屋建筑学［M］．北京：中国建筑工业出版社，1997

［20］荒木兵一郎．国外建筑设计详图图集3［M］．北京：中国建筑工业出版社，2000

［21］北京市残疾人联合会编印．北京市无障碍设施建设工作文件汇编［G］，1997

［22］建设部标准定额司，中国残疾人联合会发展部组译．建立残疾人无障碍物质环境导则及事例［M］. 1998

［23］任致远. 21世纪城市规划管理［M］．广州：东南大学出版社，2000

［24］中华人民共和国行业标准．JGJ 50—2001 J114—2001 城市道路和建筑物无障碍设计规范［S］．北京：中国建筑工业出版社，2001

［25］金磊．城市无障碍环境的规划设计［J］．现代城市研究，2001（2）.

［26］中华人民共和国国家标准．GB/T 50340—2003 老年人居住建筑设计标准［S］．北京：标准出版社，2003

［27］刘连新．无障碍设计概论．北京：中国建材工业出版社，2004

［28］中华人民共和国国家标准．GB 50763—2012 无障碍设计规范［S］．北京：标准出版社，2012